はじめに

　国鉄が輸送の中心だった時代に、日本銀行が所有する荷物車が、現金を積んで全国の国鉄線を走行した。この現金輸送車はマニ34という形式が与えられ（後にマニ30に形式変更）、一般の荷物車と同列に扱われたが、車輛の構造は全く異なり、輸送の安全性を最優先するものだった。

　同様に重視されたのが秘密の保持で、車輛の構造だけでなく、運転に関する情報も厳しい管制がひかれ、この車輛に関することを公開することはタブーとされた。このため現金輸送車は車輛ファンの関心は高いものの、現役の間は秘密のベールに包まれてなかなか実像がわからなかった。

2004（平成16）年に鉄道による現金輸送が廃止になり、1輌が小樽で公開保存されてようやく情報が伝わり始める。それでも判明した部分は少なく、現金輸送車の誕生から廃車までの約半世紀の軌跡をまとめたものはほとんどなかったといえる。

　今回、これまでの車輌ファンの研究をベースに、未公開の資料や関係者への聞き取りをまとめ、数度にわたった改造や運行の状況を含めて、現金輸送車の実像を明らかにする。

東京駅に停車するマニ34 3。窓や扉は内側からふさがれ、異様な外観を見せていた。　　　　　　　　　　　　　P：鈴木靖人

貨物列車の最後尾に連結されて千歳線を行く"現金輸送車"マニ30 2012。マニ30には1次車と2次車があり、この2012は2次車。1次車は2次車によって置き換えられた。　　　　　　　　　　　　　　　　　　　　　　1989.6.12　島松―北広島　P：RGG

1．なぜ紙幣は運ばれるか

　お札は正式には「日本銀行券」といい、日銀だけに発行が認められている。独立行政法人国立印刷局の工場で刷られた新札は日銀本店に持ち込まれ、そこから全国の支店に送られて民間金融機関に供給される。

　使用頻度の高い千円札は寿命が2年ほど、一万円札で5年といわれる。日銀の本・支店に戻ってきた紙幣はチェックされて廃棄処分になる。支店で処理できない場合は本店に送り返して裁断し、焼却したり他の紙製品に再利用したりする。こうして本店と支店の間の紙幣を輸送する必要が生まれる。

　日銀は安全性が重視される紙幣の輸送のために、1949(昭和24)年に専用の荷物車を6輛製作した。日銀が保有する専用車は国鉄の車輛称号規程によってマニ34形式（後に形式変更してマニ30となる）と名付けられ、日銀関係者はこれを「マニ車」と呼んだ。マニ車を使った紙幣の輸送を、日銀では「現送」という言葉で表現した。「現金輸送」の略であろうが、あまり一般には使わないこの単語は、マニ車が姿を消し自動車輸送のみになった現在も使われているようだ。

　日銀券には地域性や季節性による需給の波があり、紙幣が増発される時と、還流する時が生まれる。官庁や企業の給料日は典型的な増発日であり、ATMの前には長い列ができる。銀行は当日朝までに、大量の紙幣を補充する必要があり、日銀にある当座預金口座から現金を引き出してATMに収納しておく。

　かつて地方で多額の現金が支払われたのがコメ代金である。戦後の日本は食糧管理制度のもとで、コメは全量を政府が買い上げて国民に配給した。農家は収穫したコメを農協を通じて国に供出し、国から供米代金を受け取る。この中から肥料などの経費を払い、残りを預金する。このため供米代金が支払われる時期は地方で日銀券が大量に支払われ、その後に還流してくる。マニ車が活躍する時期である。最近では2カ月に1度の国民年金の支給日に同様の現金需要が起きている。

　現金への依存度は都市部より地方の方が高い傾向が

column 紙幣と硬貨の違い

　紙幣と違い100円玉などの硬貨は財務省が発行する。形式的には日銀が国から硬貨を買い取り、金融機関に供給する形を取る。市中への流通ルートは紙幣と一緒なので、マニ車には硬貨も積み込まれて日銀の支店に運ばれ、そこから金融機関に配布された。

　硬貨は当然ながら紙幣に比べて重い。マニ車の末期には、現送がどんどん自動車に切り替えられていったが、重量の点で自動車輸送に問題のある区間では、硬貨の現送には最後までマニ車が使用されたという。

あり、毎年発行される紙幣の半分くらいは、地方の支店窓口を通って金融機関に渡されるという。2016(平成28)年度の計画では一万円札12億枚を含め、全体で30億枚の新札が発行される。このうち、仮に半分が本店から地方の支店へ現送されるとして、重量換算では約1500tの荷物になる。荷重14tのマニ車が延べ100輛以上は必要になる計算だ。

支店には大きな金庫があり、ある程度の紙幣は在庫として保管している。定期的に本店からの新札と入れ替えて、古札を送り返すほか、一時的に需要が急増する時は、本店から追加で紙幣を輸送して、金融機関の引き出しに備える。めったにないことではあるが、金融不安の時などは大量の現金が当該地域に輸送されたし、大きな災害時にも緊急の現送が行われる。

日銀は現在、全国に32の支店がある。1972(昭和47)年に沖縄の日本復帰に伴い那覇支店が開設された一方、2002(平成14)年には小樽支店が廃止されている。レールのない那覇を除き、北海道や四国を含めて大半の支店との間でマニ車による現送が行われ、下りは新札、上りは古札や廃札が積まれていた。

1950年代から国鉄の長距離輸送が拡充され、本店に近い支店を除けば、本州、九州のほとんど全ての支店に東京(上野、新宿)から直行する列車が設定されるようになり、こうした列車にマニ車は連結されて全国を走破した。

マニ車がフル稼働するのは紙幣のデザインが一新される「改刷」の時だ。ある日を期して一斉に新しいお札が市中に流通するため、それ以前に各支店には次々と新しいお札が運び込まれて当日まで金庫に保管される。

野口英世、樋口一葉が登場した現在の紙幣は2004(平成16)年の改刷で、この時点ではマニ車の現送が終了していた。その前は一万円札が聖徳太子から福沢諭吉に切り替わった1984(昭和59)年で、この時はマニ車が飛び回ったはずだ。

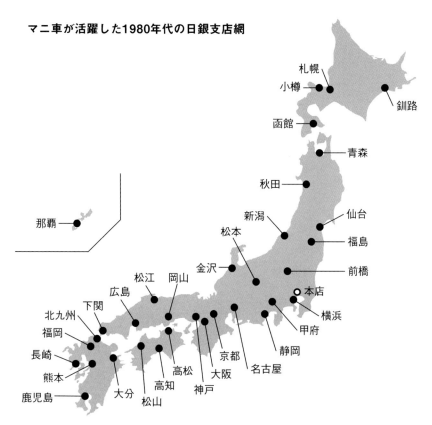

マニ車が活躍した1980年代の日銀支店網

2．マニ車への乗り組み
日銀関係者からの聞き書き

マニ車を使った現送はしばしば実施され、支店の職員には日常的な業務だった。日銀の幹部は本店と支店の勤務を繰り返しながら昇進していくので、多くの幹部は支店時代に現送に関与した経験があり、マニ車に同乗した方も多かった。筆者は仕事の関係で多くの日銀マンに知己を得たが、最近になってこうした日銀OBの方に思い出を伺うと、色々な経験談を知ることができた。以下は筆者が伺ったお話を一人称の形でまとめたものである。文責は全て筆者にある。

■行き先のない出張命令

——私は1960年代に紙幣を管理する発券局に勤務していました。当時20代で独身だったため、マニ車に同乗する出張をしばしば命じられました。

日銀の出張は事前に「○月○日から○日間、△へ出張を命ずる」という指示が出ます。ところが現送の場合は保秘がかかりますから、指示があるのは2日前で、しかも「△へ」という部分がありません。つまりどこへ行くのかは、乗ってみないとわからないのです。

そのかわり、「○日○時に△へ出頭」という場所の指示が別に下されます。それが東京駅であれば西日本方

西鹿児島駅で発車を待つマニ30 2001に乗り組む日銀関係者。
1977.7　P：中村光司

面、上野駅であれば東北方面と分かりますし、出張期間が長ければ北海道かなと見当が付きます。まれに「新宿駅」がありました。これは甲府支店か松本支店に限られます。

現送の経路は、目的の支店所在地まで行って、そのまま東京に戻る往復型が多かったですが、別の支店に寄って帰る巡回型もありました。警備の関係でしょうか、夜行の急行列車に連結されるのが通例でした。

当日、指定された時間に例えば上野駅に行きます。マニ車に紙幣を積み込む作業は指定業者が行い、我々はそれを確認します。最後に荷物室の扉を鎖錠し、封印をはります。

我々は警備室に乗り込みますが、荷物室の鍵は持ちません。立ち会った本店の担当者が持ち帰ります。同じものを支店の担当者が持っていて、到着時に封印に異常がないかを確認して開錠し、紙幣を下ろします。警備室から荷物室に入ることはできません。仮に途中で列車強盗にあっても、鍵を持っていませんから、どんなに脅されても荷物室は開けられないのです。「我々は危険に会っても、紙幣は安全というわけか」と冗談をいったものでした。

夜行で朝、目的地に到着して紙幣を降ろします。普通は当日の上りの夜行に連結されて帰京します。支店から本店に古札や廃札を運ぶ場合は、夕方にまた積み込み作業を行いますが、それまではすることがありません。当時はまだおおらかだったので、昼間は同僚と交代で市内へ出て遊びました。おカネがなくて旅行などはできないころでしたから、現送出張は楽しみでもありました。

■釧路は青函航送で2日連続の夜行に
――私は長い出張を経験しました。日銀の支店で一番遠いのは西日本では鹿児島、東日本では釧路です。鹿児島の場合は、当時東京駅を13時ころに出発する急行「霧島」にマニ車を連結します。後は乗っているだけ

で、翌日の夕方に到着します。24時間以上の行路ですが、その晩は支店が用意してくれた宿舎に入り、鹿児島料理を楽しんで、翌日の「霧島」で帰ってきます。往復4日間でした。

これに比べて大変だったのが釧路支店です。上野を夕方出る夜行急行で青森に翌朝到着します。連絡船にマニ車ごと載せられて、函館着。そこからは釧路行急行「まりも」に連結します。函館発が14時ころでした。札幌から夜行列車になり、釧路には3日目の朝到着です。

2晩連続の夜行ですし、連絡船では多少は外に出ましたが、基本は車輌甲板に留置された車内で待機ですから、さすがに疲れました。釧路では中1日の休養日があったと思いますが、帰りも連続2日の車中泊で、帰ってくるとほぼ1週間の出張でした。

筆者注記　高速道路（道東自動車道）が札幌から十勝まで開通したのは2009（平成21）年になってからで、釧路までの現送は長く鉄道輸送に頼らざるを得なかった。青函トンネル開通は1988（昭和63）年で、それまでは1950年代と同じパターンの連絡車中2泊の行路が続く。函館～釧路間の急行「まりも」は札幌で分割され、「ていね」（その後は「ニセコ」）と「狩勝」になったが、時間帯は「まりも」のスジを踏襲、マニ車は札幌で継走されて釧路に向かった。

『鉄道ジャーナル』誌1986（昭和61）年12月号は「函館本線"山線"」の特集を組み、表紙はDD51が牽引する上り「ニセコ」の写真を掲載しているが、機関車の次位にマニ30が連結されている。「ニセコ」は1986（昭和61）年11月改正で廃止となり、その後はコンテナ列車への連結となった。1988（昭和63）年に青函トンネルが開通してからは、隅田川～札幌貨物ターミナル～釧路の経路となり、スピードアップが図られた。

■「隅田川に行け」に当惑
――私がマニ車に乗ったのは1970年代で、そのころになると東京を出る客車急行が減少して、代わりに荷物列車が使われるようになっていました。ある時、出張命令があり、上司から「○日○時に隅田川に出頭」と言われて混乱しました。

「隅田川って、あの隅田川のどこに行ったらいいのですか。河口に船着き場でもあるのでしょうか」と質問して笑われます。「そうか、君は初めてで、隅田川を知らなかったのか」と、国鉄に「隅田川駅」があることを教わりました。言われた通りに常磐線の南千住駅で下りてみると、目の前に広大な貨物駅がありまし

た。東海道線は汐留に出頭でしたが、こちらは何となくカンが働きます。「隅田川」は全く知らず、その後もしばしば宴会のサカナにされました。

筆者注記　隅田川駅での紙幣の積み込みは荷物列車の編成にマニ車を連結し、その状態で紙幣を積み込んだ。駅構内の東側には「砂尾道」という道路があり、これに沿って何カ所かの入リ口がある。日銀からの輸送車は一番南側の「六門」のあたりで紙幣を降ろし、近くのホームに留置されているマニ車に運びこんだ。紙幣を詰めたコンテナをターレットで運んでいた時に荷崩れを起こしたことがあり、あっという間に警察官が集まってきたという。

地形図に見る1980年代の隅田川駅。上が隅田川。「六門」は東南側、鉄道郵便局分局の向かい側に位置した。
国土地理院発行1/10000地形図「上野」(1983年編集・1984年発行)より加筆転載

■殺風景な貨物駅に

――国鉄末期から、マニ車は貨物列車に連結されるようになります。これも我々には不便になりました。朝に目的地に到着して外の風景を見ると、トレーラーが出入りし、コンテナがあちこちに積み上げられた何とも殺風景な貨物駅に着くようになったからです。

　それまでは一応、支店のある駅の構内の外れに留置されていたのが、いったいここがどこなのか見当も付かないような場所に留め置かれます。回りには商店などは皆無ですから、食料や飲み物の補給が困りました。昼間の空いた時間に出ようと思っても、足の便がありません。駅の人に頼んでタクシーを呼んでもらい、だいぶ離れた街中へ出たものでした。

■警察官の応接に寝られず

――国鉄が民営化された直後でしたが、高知から東京までマニ車に同乗しました。JR高知駅の隅の貨物スペースに朝集合し、そこから高松に出ました。着いたのは高松駅の近くの貨物ターミナルのようで、ここで数時間待って貨物列車に連結され、あとは東京まで直行でしたが、到着は翌日の昼前になりました。

　マニ車の同乗は特にすることはないので、ゆっくり

▶1976年当時の隅田川駅の表札。常磐線南千住駅前の便利な場所にあったが、貨物駅という性格上、一般にはほとんど知られていなかった。
1976.2.15
P：永島文良

▼周囲にはトラックやコンテナが置かれる殺風景な貨物駅に留置されたマニ30 2007。
1987.8.7　梅田
P：藤井　曄

土讃線大歩危付近を走行するマニ30の臨時貨物列車。　　　　　2001.3.8　大歩危－小歩危　P：北村増紹

休んで下さいと言われて乗りましたが、そうはいきません。警備のために乗り組む警察官が県警の担当区域ごとに交代します。その度に日銀の責任者に挨拶に来られるので、それに応対しなくてはならず、結局ほとんど眠れませんでした。

筆者注記　土讃本線（民営化後は土讃線）多度津〜高知間の貨物列車は国鉄末期に定期運行を中止している。営業を継承したJR貨物は高知に支店を置きコンテナ貨物を集荷、高松までトラックで運ぶ「オフレール輸送」を行っていた。

こうした線区にマニ車を運転する場合は、マニ車1輌だけの臨時貨物列車を設定する。この時期には、高松貨物ターミナルを18時台に発車する東京貨物ターミナル行定期列車があり、これに連結すべく高知からのスジを引いたのだろう。

3．運用、配置の特徴

■品川・尾久への分散配置

1949（昭和24）年に6輌が製造されたマニ34は、1〜4の4輌が品川客車区（登場時は「検車区」）、5・6の2輌が尾久客車区配置となり、品川区が西日本、尾久区が東北・北海道方面を分担し、東京を起点に全国に運行される。この体制は1978（昭和53）年にマニ車が第2次車に置き換えられ、1輌が大阪の宮原客車区に配備されるまで続いた。

マニ車の情報は厳秘とされ、お召列車以上に情報が統制された。運転日が不規則で、当日は臨時の増結になるような場合には、国鉄では鉄道管理局が毎日発行している「局報」に掲載して、現場に情報を連絡していた。増結によって列車重量は重くなる。停車位置が変わったりすることがあるし、途中駅での給水や車輌検査の手配などが必要だったためだ。

局報は列車の運行に関係する営業、運転、施設といった管理局のほぼ全員が目を通す媒体で、ここにマニ車の運行を記載すると情報が拡散しすぎてしまい、警備上の問題が発生する。そこでマニ車を運転する場合は、連結される列車や連結位置はあらかじめ決めておいて、関係する駅や運転関係の現場だけに、「○日の○列車で運転」という情報を、局報とは別の「電報手配」という個別連絡の手法で通知されたという。

紙幣の輸送は日銀と国鉄本社の間で、年間の大まかな運行計画が立てられる。日銀券は旅客用の手荷物や小荷物と同じ荷物輸送の扱いだったので、国鉄本社では旅客局（1966年以前は営業局）が窓口となった。運行予定日が近付くと関係の鉄道管理局に連絡があり、現場へは局の旅客課から電報による手配があった。一般車の臨時増結は直前になることもあったが、マニ車はだいたい1週間前くらいには連絡があり、車輌の点

検、準備にかかったという。

使用される列車は年代によって変化があるが、1970年代でいえば東海道本線では「銀河」、「桜島・高千穂」など、東北・上信越方面では「八甲田」、「津軽」、「鳥海」、「能登」などの急行が多かった。

■局報に掲載された運転情報

ところがマニ車が登場した直後は、まだこうした情報管理のルールが固まっていなかったようで、堂々と局報に運転情報が掲載されていた。

下に掲載したのはマニ車が登場して2年ほどたった1951（昭和26）年4月29日付の大阪鉄道管理局報である。「大鐵達乙第2080號」として「荷物車臨時増結について」が掲載されている。「荷物多数のため、次のとおり荷物車を増結する」との記載があって、11本のマニ車運行が連絡されている。「現金輸送」という文字はないが、増結される荷物車の形式・番号が付記されているので、詳しい人がみればすぐピンとくるはずだ。

運行期間は4月29日から5月16日にかけてで、東京発で大阪管理局管内への運行以外にも、岡山や四国、九州地区への列車も記載されている。大阪局管内を通過する列車は全て連絡する必要があったのは当然である。それぞれの運行には運用番号が付けられ、「銀117」から「銀133」までとなっている。途中で番号が飛んでいるのは、大阪局管内を通過しない東京から東北方面の運行が間に入ったためであろう。相当の頻度で運転されていたことがわかる。

ほとんどの運用は目的地へ直行し、そのまま東京に戻る往復型である。このなかで興味をひく運用を取り上げてみよう。

図1（次頁）は5月6日東京発の大阪往復運用である。まず11列車の前に増結して東海道を下る。11レは当時東京を19時30分に出発する夜行急行で大阪に7時32分に到着する。ところがマニ車は大阪到着後、11レと一緒に宮原区へいったん入るが、そこから大阪まで往復運転、夕方の12列車に再度連結されて東京に戻る運用である。

宮原→大阪の130レは大阪12時37分始発の沼津行普通列車で、大阪までは当然回送列車である。大阪駅到着後に切り離される。その次の706レは福知山線の大阪17時44分着大社発の準急で、これに連結されて宮原区へ戻る。12レは大阪発20時なので、ゆっくりと

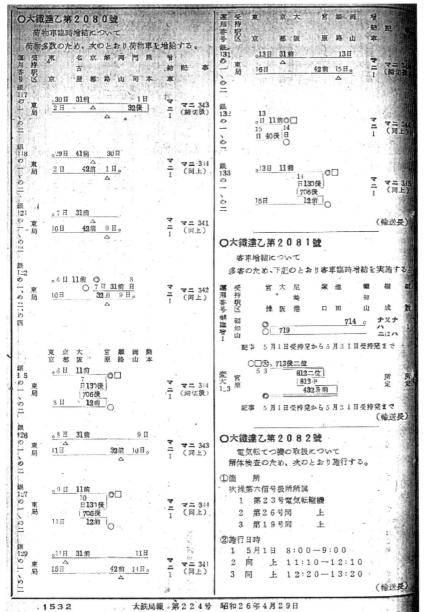

11本のマニ車運用が記載された昭和26年4月29日付大鉄局報。　提供：中村光司

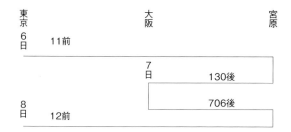
図1　東京〜大阪間のマニ車運用

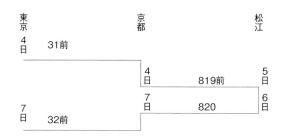
図2　東京〜松江間のマニ車運用

入換え、編成作業をして出発したのだろう。

　この運用表からみると、マニ車は昼間、5時間ほど大阪駅に留置されていたと考えられる。なぜこのような面倒な行路にしたのだろうか。

　荷物輸送が活況だった時代、大阪駅の小荷物取扱所が満杯になると、荷物を積んだ荷物車を一時宮原操車場に待機させることがあった。このために大阪駅と宮原の間を一日数往復する「宮操回送・臨」という特別の行路を設けたという。マニ車の荷扱いでも同様の事情があったのだろう。朝のラッシュの始まる大阪駅で入換えし、大量の紙幣の積み下ろしをするには難点が多く、この宮操待機を活用したのではないか。

　大阪への現送運用はこのほか、4月10日、5月9日、13日に行われているが、いずれもこの宮原〜大阪間の往復運用が組み込まれている。1952（昭和27）年1月20日付局報にも「荷物車臨時増結」の通達が掲載されているが、ここにある1月20日と23日、29日の大阪運用は、11レで西下、12レで帰京するのは一緒だが、途中の大阪往復が602レと432レを使用している。602レは大阪13時10分始発の北陸本線経由上野行の急行、432レは17時08分着の福知山線普通列車である。時間的にはほとんど変わらないが、何か構内作業等の都合があったのだろう。

　もう一つの面白い運用が図2の松江支店への現送である。1951（昭和26）年4月4日の銀88運用で、まず東京8時発の熊本行急行で西下、京都着は17時18分になる。ここで山陰本線の夜行下関行22時発の819レに連結され、松江に8時ころ到着である。京都で相当の余裕時間があるので、京都支店向けの紙幣も積んでいたかもしれない。

　復路は松江18時20分発の820レで翌朝6時京都着、10時54分発の32レで東京へは20時08分に到着する。大阪の行程は2日連続の夜行だが、松江の場合は5日朝に着いし6日夜の出発なので、同乗した日銀職員もゆっくり松江で休養できたに違いない。

　このようにマニ車は登場以来、全国を駆け回る活

「銀河1号」でオユとオハネフの間に連結されたマニ30 2003。　　　1972年　東京　P：和田 洋

■編成記録1〜5

1	16レ「銀河」		2	104レ「銀河」		3	104レ「銀河」		4	103レ「銀河」		5	3レ東京〜長崎	
	1957.10.4	東京宮		1975.9.10	東京宮		1976.2.19	東京宮		1979.5.21	東京宮		1950.4.4	東京東
	EF58 86			EF58 134			EF58 134			EF58 171			EF53 8	
	スハフ42 326		13	スハフ43 1	大ミハ	13	スハフ43 13	大ミハ		マニ30 2007			スヌ31 19	東ヌマ
	スハ43 644		12	スハ44 33	〃	12	スハ44 25	〃		カヤ21 17			マニ34 3	東シナ
	スハ43 480		11	オハネフ12 205	〃	11	オハネフ12 205	〃	1	ナロネ21 103			マニ32 39	門サキ
	スハ43 476		10	スハネ16 121	〃	10	スハネ16 2601	〃	2	ナハネ20 236			オハフ33 600	〃
	スハ43 484		9	スハネ16 166	〃	9	スハネ16 2620	〃	3	ナハネ20 105			オロ40 73	〃
	ナハネ10 69		8	スハネ16 164	〃	8	オハネ12 36	〃	4	ナハネ20 102			オハ35 291	〃
	ナハネ10 57		7	スハネ16 182	〃	7	スハネ16 22	〃	5	ナハネ20 124			オハフ33 599	〃
	オロ42 4		6	スハネ16 2606	〃	6	スハネ16 402	〃	6	ナハネ20 40			スハ32 228	門ハヤ
	スロ60 29		5	スハネ16 256	〃	5	スハネ16 2619	〃	7	ナハネ20 338			オハフ33 441	〃
	スロ60 116		4	スハネ16 404	〃	4	スハネ16 166	〃	8	ナハネ20 233			オハフ33 150	門トス
	スロネ30 3		3	オロネ10 89	〃	3	オロネ10 89	〃	9	ナハネ20 227			オハフ33 398	広ヒロ
	マロネ41 6		2	オハネフ12 4	〃	2	オハネフ12 2043	〃	10	ナハネ20 216				
	マニ32 74		1	マニ30 2003	南シナ	1	マニ30 2003	南シナ	11	ナハネフ22 25				
	マニ34 2													

出典 4は「鉄道ジャーナル」1979年8月号「列車追跡シリーズ」に掲載された種村直樹氏「銀河にかける夢」所収。それ以外は鉄道友の会客車気動車研究会資料による。

躍をみせる。1952(昭和27)年度の実績によると、マニ車の運行件数は343件に達した。ほぼ毎日、運転されたことになる。これによる国鉄の運賃収入は1億8000万円で、荷物輸送による収入の1.9%を占めた。金額の換算は難しいが、当時の東京〜大阪間の3等運賃は770円で、現在の普通運賃は8750円だから11倍強になる。単純計算すれば、マニ車収入は現在なら20億円強の規模で、なかなかに大きな収入源だったといえる。

当然ながら局報への掲載はその後に中止され、マニ車の運用状況を検証することはほとんど不可能になってしまった。マニ車の運転情報はお召列車以上の厳しい規制がひかれ、部外のファンが事前に情報を入手することは不可能だった。筆者は運転中のマニ車の写真を数枚撮影しているが、全てたまたま遭遇した偶然である。

■編成記録から読み取る運用状況

現在と違い、通学や通勤時に簡単に画像を記録することはできなかったから、マニ車を実見しても撮影できなかったことは多い。ただ編成記録であれば、メモ用紙があれば書きとめられたので、多くの客車ファンが記録を残していて、運用の状況を類推することができる。鉄道友の会客車気動車研究会の過去の資料にはマニ車を含んだ編成記録が残されていて、これを中心に他の媒体に掲載されたものを含め、当時の運用を再現してみよう。

マニ車を連結する列車はある程度決められていたが、何といっても多かったのが夜行急行の「銀河」である。日銀の大阪支店は西日本の拠点として本店並みの機能を持っていたから、紙幣の発券、管理業務も多く、本店との間の現送も当然頻度が高かったようだ。

記録1は1957(昭和32)年の東海道の優等列車だった時代で、最後部にマニ34が連結されている。マニ車の連結は必ず編成の一番端だったという解説があるが、実際はそうでもない。増結車であるから端になるケースは多いが、10頁の写真は筆者が東京駅で撮影した102レ「銀河1号」である。101レ〜102レには1968(昭和43)年から1972(昭和47)年までオユ10が最端部に連結され、次にオハネフ12以下の客車がつながっていたが、この写真を見るとオユとオハネフの間に連結されていたことが分かる。

記録4は「銀河」が20系客車に置き換えられた後の記録である。20系は一般客車とブレーキ方式が違うが、マニ30形2次車は双方に連結可能なブレーキ方式になっている。

郵便車や荷物車は駅の荷役機械の設置位置の関係で連結部位が決められており、東京から西に向かう下り列車の場合は先頭部分、逆に東北方面に向かう下り列車は最後尾に連結される。

マニ車もそうした荷物車の連結定位置に組み込まれるのだが、記録6は例外で上り列車の先頭に連結されている。荷物車が先頭と最後尾に泣き別れているのがわかる。この編成の急行「雲仙」は長崎発だが、恐らくこのマニ車は途中駅から増結されたのだろう。紙幣を積み込んだあとは締切扱いとなり、終着駅まで荷扱いの必要はない。東京駅に到着すると、当時は日銀本店に近い八重洲北口の一角にあった荷扱い基地で紙幣を積み降ろししていたというので、むしろ機関車の次位の方が好都合だったのだろう。

記録7はさらに特異な編成で、マニ34が最前部と最後部に合計2輌連結されている。列車は下り急行「阿蘇」で東京〜熊本間の運転だが、後部のハフ2輌は門司で切り離しとなる。その条件を前提にこの分割編

東京駅で切り離され荷扱い所に移動するマニ34 3。
1963.6.26　P：菅野浩和

成の理由を推測してみよう。前部のマニは恐らく終点の熊本か、福岡支店への現送であろう。最後部のマニはハフと一緒に切り離す北九州支店向けだったか、あるいはそれ以前の山陽本線沿いのどこかで切り離す運用だったのではないか。

「銀河」と並んで連結頻度が高かったのが九州直行の急行「桜島・高千穂」である。経路には日銀の福岡、鹿児島、大分などの支店があり、しばしば利用された。

記録9は1971（昭和46）年の記録で、この時も先頭ではなくオユ11の次位に連結されている。この編成は増結の座席車にマニ30も加わり、16輌編成という長大列車になった。東海道・山陽線は主要幹線で駅の有効長も長いとはいえ、16輌となるとホームからはみ出す駅もあったはずだ。マニ車は荷扱いがないからいいとして、オユ11は途中駅での郵袋の積み下ろしがあったはずで、この編成では支障がでたのではないだろうか。マニ30を先頭にすれば、機関車と一緒にホームを外れてもよかったはずで、なぜこの順序にしたのだろうかと考え込む編成である。

記録11もマニ30が2輌連結された珍しいケースである。1輌が福岡で切り離され、もう1輌が鹿児島までいったかもしれないし、小倉で「桜島」と「高千穂」にそれぞれ1輌ずつ区分けされたかもしれない。そんな想像をするのも楽しい。

記録12は戦後復興期の貴重な記録である。急行「十和田」はもともと、占領軍の専用列車として設定され、後に日本人乗客にも開放されたが、長く高級軍人が利用するなど米軍優先の列車だった。3輌目の「マニM」標記は米軍へ貸与された車輌の符号であるし、編成中のマイネ、マイネフなどを含め圧倒的に優等車の比率が高いのも、こうした事情を物語る。

記録13の「能登」は金沢支店への現送にしばしば使われた。記録14は客車ファンに人気のあるネット上の掲示板「客車倶楽部」に掲載された「鳥海」の編成で、この列車は新潟、庄内地区への新聞輸送用に荷物車を3輌連結していたのが特徴だが、そこにマニ30が割り込んだ形である。この記録は上りで前2輌のスニは新潟（新津）からの増結なので、恐らくマニ30は秋田支店への現送の復路で、秋田を出発した際は機関車の次位の先頭車だったが、新津から2輌が途中増結されたのだろう。

東北方面の現送は尾久区のマニ車が担当するが、客車区で紙幣を積み込むことはなく、原則として上野駅で行った。線路が輻輳している車輌基地では、安全の確保が難しかった。上野駅では線路と線路の間に荷扱い用の小ホームが設置されているところがあり、これを使って旅客と隔離して積み降ろしをした。

■荷物列車、普通列車への連結

マニ車は途中の駅には用事はなく、目的地へ速く着くことが望まれるので、客車の急行列車が多用された。しかし1970年代に客車急行は特急への格上げや電車化で本数が減って利用しにくくなり、代わって荷物専用列車が使われるようになる。記録15などがその記録だが、荷物列車は途中駅での解結、増結がたびたびあり、その都度マニ車も一緒に入換え作業に組み込まれるため、警備上はあまり歓迎されなかった。当然ながら編成の端に連結するわけにもいかず、記録17の例では前から5輌目に組み込まれている。

14頁上の写真は名古屋駅で撮影された荷物列車に連結されたマニ30 2005である。尾久区所属の同車は基本的には東北方面の運用に充てられたはずだが、こ

■編成記録6～19

6	38レ「雲仙」		7	31レ「阿蘇」		8	臨時「彗星」		9	31レ「桜島・高千穂」		10	1101レ「桜島・高千穂」	
	1955.6.30			1951.7.7	東京		1964.9.30	東京		1971.11.4	名古屋		1973.7.9	東京
	EF58 67	東		EF58 23	東		EF58 86	浜		EF58 97			EF58 168	浜
	マニ34 4	東シナ		マニ34 1	東シナ		マニ34 1	東シナ		オユ11 3	南シナ		マヤ34 2002	北オク
	スハフ42 132	広ヒロ		スニ30 38	熊クマ	1	ナハネ10 43			マニ30 2003	〃		マニ30 2003	南シナ
	スハフ42 218	門ハヤ		マユ34 4	〃	2	オハネ17 39		1	ナハフ11 20	鹿カコ	1	オハフ45 209	鹿カコ
	スハフ42 334	門サキ		スロ51 58	〃	3	オハネ17 127		2	オロ11 7	〃	2	オロ11 25	〃
	スハ43 409	〃		オロ40 70	〃	4	スハネ30 57		3	オシ17 3	〃	3	オハ46 53	〃
	スハ43 339	〃		スハ42 33	〃	5	スハネ30 26		4	ナハ10 25	〃	4	ナハ10 902	〃
	スハ43 411	〃		スハ42 3	〃	6	スハネ30 64		5	ナハ11 6	〃	5	ナハ10 92	〃
	スシ48 16	〃		スハ42 31	〃	7	ナハネフ10 59		6	ナハ10 84	〃	6	ナハ10 31	〃
	オロ41 2	〃		スハフ42 17	〃				7	ナハフ10 39	〃	7	ナハフ11 20	〃
	スロ51 16	〃		オハフ33 621	門モジ				8	ナハ10 47	〃	8	オロ11 26	〃
	スロ51 35	門タタ		スハフ42 15	〃				9	オロ11 22	〃	9	ナハ10 28	〃
	マロネ38 1	東シナ		マニ34 3	東シナ				増9	ナハ10 26	〃	10	ナハ10 33	〃
	スユ30 8	東オク							10	ナハ10 29	〃	11	ナハ10 6	〃
	マニ32 40	門サキ							11	ナハ10 33	〃	12	ナハフ10 30	〃
									12	ナハ10 9	〃	13		
									13	ナハフ10 43	〃			

11	1101レ「桜島・高千穂」		12	1202レ「十和田」		13	3605レ「能登」		14	804レ「鳥海」	
	1973.12.3			1954.10.1			1978.6.14	上野		1980.3.4	
	EF58 164	浜		EF58 6	東		EF58 174	高二		EF58 120	
	マニ30 2003	南シナ		マニ34 6	東オク		スハフ42 2288	金サワ		スニ41 2008	
	マニ30 2001	〃		マニ31 32	東シナ		オハ47 2079	〃		スニ40 2039	
1	オハフ45 206	鹿カコ		マニM3218	〃		オハ47 2173	〃		マニ30 2011	〃
2	オロ11 29	〃		マイネフ38 2	〃		オハ47 2101	〃		マニ36 2068	
4	オハ35 1194	〃		スロ62 204	〃		スロ62 2060	〃		オハネ12 2060	
5	ナハ10 5	〃		マシ29 109	〃		スハネ16 2241	〃		スハネ16 2175	
6	ナハ10 25	〃		マイネ38 5	〃		スハネ16 2122	〃		オロネ10 2077	
7	ナハフ11 9	〃		マロネ29 109	〃		オハネフ12 2064	〃		スロ62 2021	
8	ナハフ10 48	〃		スロ60 29	〃		スハネ16 2257	〃		オハ46 2001	
9	オロ11 21	〃		オハニ32 2	〃		オハネフ12 2075	〃		スハ43 2304	
10	ナハ10 26	〃		スハ43 4	〃		スニ40 2051	〃		オハ47 2292	
11	ナハ11 7	〃		スハフ42 221	〃		スニ41 2010	〃		オハ46 2005	
13	オハ35 963	〃					マニ30 2005	北オク		オハ46 2004	
14	オハフ45 6	〃								スハフ42 2249	

15	荷38レ		16	荷38レ		17	荷33レ		18	荷2032レ		19	荷2030レ	
	1977.1.21	名古屋		1977.2.25	名古屋		1978.5.15	汐留		1982.3.11	名古屋		1983.4.6	名古屋
	EF61 15	広					EF58 67	浜		EF58 166	浜		EF58 167	浜
	マニ60 4	広ヒロ					ワキ8763	広セキ		マニ60 2424	名ナコ		マニ61 2201	天リウ
	ワキ8764	広セキ					マニ60 396	岡オカ		ワキ8520	〃		マニ44 2080	〃
	マニ61 302	岡オカ					マニ52 2072	南トメ		マニ36 60	鹿カコ		マニ30 2010	南シナ
	ワサフ8010	名ナコ					マニ50 2071	〃		スニ40 18	〃		マニ50 2025	〃
	ワキ8009	〃					マニ30 2001	南シナ		スニ40 29	〃		マニ50 2065	〃
	マニ36 214	〃					オユ12 12	〃		スユ16 2206	南トメ		マニ44 2102	門モジ
	マニ60 2694	南トメ		マニ36 59	南トメ		オユ11 1001	〃		スユ15 2018	熊クマ		マニ44 2101	〃
	マニ60 135	門ハイ		マニ60 135	門ハイ		スニ40 12	熊クマ		マニ30 2009	南シナ		スユ15 2013	南シナ
	マニ60 2501	〃		マニ60 2421	門トス		スニ40 11	〃		ワキ8548	〃		スユ16 2201	南トメ
	スユ44 1	南トメ		スユ44 7	南トメ		マニ36 318	門モジ		ワキ8546	〃		スニ40 2010	熊クマ
	スユ44 5	〃		スユ44	〃		ワキ8792	〃		マニ50 2016	〃		スニ40 16	〃
	オユ11 1009	門モジ		オユ			ワキ8951	北スミ					マニ50 2058	〃
	マニ36 74	南トメ		マニ30 2005	北オク		マニ37 2015	門タケ						
	マニ30 2002	南シナ		マニ36 2154										

出典　6・12はホビーショップモア編さんの「客車編成120選」、14は「客車倶楽部」掲示板、15は西橋雅之・石橋一郎「「荷物車・郵便車の世界」に掲載されたもの。それ以外は鉄道友の会客車気動車研究会資料による。

のように東海道方面でも使用されている。撮影者の藤井　曄氏は、この荷物列車（荷38レと思われる）の荷物車を1輛ずつ撮影されており、それをもとに、編成記録を再現したものが記録16である。また14頁中央の写真は名古屋駅で荷物列車への連結を待つマニ30 2009で、恐らく名古屋支店への現送を終え、本店へ戻るために待機しているところと思われる。

　記録15～19の編成を見ると、マニ30の連結位置はバラバラである。恐らく、どの駅から連結されるかによって位置が違ってきたのだろう。

　普通列車に連結された例が記録20～24で、20は門司発の長距離鈍行だが、連結位置が定位の後部ではない。恐らく静岡や名古屋などの途中駅で増結されたのだろう。

　記録21～23（15頁）はいずれも東北本線の一ノ関行123レである。この列車は上野を10時台に出発する長距離鈍行で、1978（昭和53）年まで運転され、盛岡区のスハ32がしばしば連結されていたことなどで、客

▲荷物列車に連結され、名古屋駅で発車を待つマニ30 2005。本車は尾久の配置であったが、このように東海道方面へ運用されることもあった。 1977.2.25 P：藤井 曄

◀名古屋駅構内で待機、連結を待つマニ30 2009。
　　1981.2.20 P：藤井 曄

▼有楽町を通過する荷物列車の小運転。機関車(EF53)の次位にマニ34 4が連結されている。
　　1964.7.15 P：豊永泰太郎

■編成記録20〜24

20	112レ門司〜東京		21	123レ上野〜一ノ関		22	123レ上野〜一ノ関		23	123レ上野〜一ノ関		24	411レ上野〜青森	
	1950.11.20	東京		1973.10.1	上野		1974.1.8	郡山		1977.10.18	上野		1958.7.23	上野
	EF57 15	沼		EF57 9	宇		ED75 8 8			EF58 152	宇		EF58 131	宇
	マヌ34 11	東ヌマ		スハフ32 2130	盛モカ		オハフ61 3058	盛モカ		スハフ32 2502	盛モカ		スハフ32 157	東オク
	マニ34 3	東シナ		オハ47 2188	盛カマ		オハ61 2687	盛カマ		オハ46 2665	〃		オハ35 792	〃
	スハ32 197	大ミハソ		オハ35 2759	盛ハヘ		スハフ42 2034	北オク		オハ47 2161	〃		オハフ33 16	秋シン
	オハ34 59	〃		スハフ42 2051	北オク		オハ46 2676	〃		オハ47 3523	〃		オハ35 326	〃
	スハ32 336	〃		オハ47 2267	〃		オハ47 2212	〃		オハ47 2092	〃		オハ35 903	東オク
	オハ35 918	〃		オハ46 2029	〃		オハ47 2246	〃		オハ47 2036	〃		オハフ33 572	秋アキ
	スハ32 295	〃		オハ47 2282	〃		スハフ42 2070	〃		オハ47 2195	〃		オハフ33 325	東オク
	オハ34 119	〃		オハ46 2543	〃		オユ10 2512	盛モカ		オハ35 2861	〃		オハ35 75	〃
	スハ32 210	〃		オハ35 2358	〃		マニ30 2005	北オク		スハフ42 2253	〃		オハ35 794	〃
	オロ35 51	〃		スハフ42 2045	〃					オハフ33 2498	〃		スロフ30 4	〃
	スユ71 14	〃		オユ10 2154	盛モカ					オユ10 2560	北オク		マニ34 1	〃
	オユニ26 294	名ナゴ		マニ30 2005	北オク					マニ30 2006	〃		スニ75 38	盛アホ
													マニ31 31	秋アキ

出典 鉄道友の会客車気動車研究会資料による。

車ファンには人気のあった列車であった。

筆者もこの時間帯に上野駅を通りかかる際は、出来るだけ寄り道し、編成を記録して発車まで車内に座り、旧型客車の雰囲気を楽しんだ。記録23はそんな時に偶然マニ30が連結されていた記録である。

マニ車の警備は年々厳しくなり、ファンが車輌に近付くとすぐに鉄道公安官に注意されるようになる。ところで筆者は編成を記録する際に、全ての客車の妻面にある製造・改造銘板も記録するのが習慣で、この時もマニ30の銘板をメモしている。車輌のつなぎ目で妻面をのぞきこんで、何やら手帳に記録するのは相当に怪しい行動なのだが、全く注意をされた覚えがない。今となっては不思議なことである。

この列車に連結されたマニ車の行き先は、恐らく福島か仙台であろう。1970年代になると東北本線の客車急行は大半が夜行列車だったが、そうなると福島などは深夜や未明の発着となり、警備上は好ましくない。そこで昼間の時間帯に運転される普通列車がしばしば利用されたのではないか。

この123レは上野駅地上ホームから発車した。当然、尾久からの回送の際は機関車が推進運転し、先頭になる車輌のデッキにはラッパ屋と呼ばれた乗務員が乗って、非常時にはブレーキをかける運行方式だった。ところでマニ車は警備の関係上、前位側の妻面はドアがなく、ラッパ屋は後位側の車掌室にしか乗り組めない。客車の向きは必ずしも固定されていないことが多いが、尾久区のマニ車については後位側が上野方になっていることが重要だった。

尾久駅周辺の広大な車輌基地には、名門の尾久機関区があり立派な転車台が設置されていたが、これとは別に客車区にも転車台があって、必要に応じて客車の向きを転回した。マニ車が逆向きになって戻ってくると、すぐに転車台で方向転換したという。

通常の場合はマニ車は急行の編成に組み込まれて客車区を出発し、そのままの編成で帰ってくる。向きが変わることは普通はありえないが、甲府や松本支店向けの現送で中央本線の列車に組み込むと、よくこの事態が発生した。

中央本線の列車は、当時は飯田橋駅に隣接した飯田町客貨車区で組成した。現送の場合はあらかじめ尾久区から飯田町区へ田端経由でマニ車を回送しておく。尾久から田端へは両方向の連絡線があってデルタ状になっており、行きと帰りにどちらのルートを通るかで、向きが変わることが起きた。

マニ30 2006の前位妻面。これではラッパ屋は乗務できない。
1975.4.27 尾久 P：藤井 曄

4. 難航する専用荷物車の構想

戦前の通貨価値が安定していた時代は、紙幣の輸送は本店と各支店の間で年1回程度だったという。ところが敗戦後の急激なインフレで紙幣の需要は爆発的に増加する。特に1950(昭和25)年に千円札が登場するまでは、最高額の紙幣は百円札だったから発行、流通量は急増した。紙幣を印刷していた大蔵省印刷局(現在の国立印刷局)だけでは対応できず、民間の印刷会社に発注したほどである。

この結果、流通量の一番多かった百円札は、1946(昭和21)年度の新札発行量が12億枚だったのに対し、1948(昭和23)年度には23億枚にハネ上がる。当然、本店から支店への輸送回数も激増した。

それまでの紙幣輸送(現送)は貨車を使っていたが、同乗する日銀職員にとっては劣悪な輸送環境だった。戦後の治安の悪化の中で1946(昭和21)年4月からは武装警官と鉄道公安官が同乗することになるが、警備上は穴だらけとなる。こうした問題を解消するため、日銀は専用の荷物車を保有することを計画する。ところがこれが難航した。

敗戦後の日本は生産資材が極度に不足し、鋼材などの重要な物資は連合国軍最高司令部(GHQ)が管理をして、配分を調整していた。国鉄の車輌は戦争で大きな打撃を受けて復興が急がれており、車輌用の鋼材の割り当ても優先順位が厳しく検討されていた。

この中で日銀は1948(昭和23)年8月、当時の運輸省に20輌の銀行券輸送専用荷物車の設計製作を申し入れ、同時にGHQに必要な資材の割り当てを要請した。マニ34は結局6輌が新製されて、国鉄の民営化後までその体制が維持されたことを考えると、20輌はいささか大きな数字で、どのような根拠があったかはわからない。ただ計画を立てた時期はインフレがさらに進む事態も考えられたので、日銀としてはその後の輸送量増加も見込んで立案したのだろうが、許可が下りなかった。日銀の渉外部門幹部がGHQの中にあった民間運輸局(CTS)に日参するが、紙幣の輸送は新たな生産財を生むものではないからと認められず、マニ車新製構想は暗礁に乗り上げた。

思わぬことで日銀に追い風が吹く。そのころ逮捕された窃盗団の取り調べのなかで、現金輸送の列車を襲撃する計画があったことが判明した。そこで日銀の担当者は再度GHQを訪れ、現在の現送体制では危険が大きく、早急に専用荷物車が必要だと訴え、ようやく実現することになった。

認められはしたものの、構想は大幅に手直しにな

る。まず輌数は6輌に削られた。さらに新製ではなく「戦災復旧車」※の名目で鋼材の使用が認められる。苦肉の策でようやく実現にこぎつけた。

1958(昭和33)年に発刊された『鉄道技術発達史』は国鉄がまとめた公式のもので、部内の専門家が分担して執筆した。「車輌編」の754ページに戦後の車輌製作に言及した部分があり、以下のような記述がある。「戦後戦災客電車を荷物車として復旧したものが多数存在する(マニ33、マニ34、スニ70、マニ71、マニ72、スニ73、マニ74等)」

マニ34については「紙ヘイおよび貨ヘイ輸送用のもので、日本銀行所有車」と記載がある。

国鉄の公式記録でマニが「戦災復旧車」に分類されたのは、こうした製造時のいきさつが影響したものであろう。形式的には戦災復旧車だが実際は新製車、ただし一部の車輌は後述するように戦災車の台枠を流用しており、こうした複雑な経歴が、一筋縄でいかなかったマニ34誕生の経緯を物語る。

※**戦災復旧車** 空襲などで被災し、いったん廃車となった車輌の台枠や台車を再利用し、新しい車輌番号を与えて3等車や荷物車に復旧した車輌。形式番号は70代で区別した。側板にも廃車車体からの流用が多く、新車の扱いだが凸凹の目立つ特異な車輌グループだった。
資材が不足していた敗戦直後は、新車の予算で製造された3等車の中にも、実際には復旧車が混ざっていたことが判明している。

5. マニ34の新製

難航したGHQとの交渉を経て、6輌の新製がようやく認められた日銀は、1948(昭和23)年に国鉄(当時は運輸省)と車輌メーカーの協力を得て設計に入る。新製は当時の代表的な車輌会社だった日本車輌と帝国車輌に決まり、具体的な車輌の仕様について検討したが、現金輸送車はそれまでに経験がないだけに、作業は通常の車輌設計に比べて手間がかかった。

国鉄以外が所有する私有車の場合、国鉄はある程度の協力はするが原則は所有者がメーカーと協議をして製作するのが通例だ。しかし日銀には全く車輌に関する経験、知識がなく、実際にはかなり国鉄の車輌設計陣が支援した模様だ。国鉄には「VC図面」と呼ばれる車輌の公式の設計図があり、これは私有車についても作られる。マニ34の最初の設計図「VC03337」には作成日欄に「昭和23年5月19日」の記載があり、かなり急ピッチに設計が進められた様子だ。

日本銀行は歴史的な価値を持つ資料を保存、公開する目的で、1999(平成11)年に「金融研究所アーカイブ」を発足させた。この中にマニ34新製時の写真資料が

column 貨車による現送——劣悪だった環境

マニ車が登場するまで、日銀本支店間の現送は貨車で行われた。通常使われたのは標準的な15トン積みのワム形有蓋車で、紙幣を入れた木箱を積み込み、目的地まで日銀職員が数人同乗して警戒した。

ワム車はもともと人間が乗り込むことを想定していない。暖房もトイレもなく、貨物列車に連結される長い道中は苦難の連続だった。日銀は1982(昭和57)年に100周年を迎え、様々な記念行事が催される。この時に出版された『日本銀行職場百年』は、日銀の様々な業務を回顧したもので、この中に貨車の現送に従事した職員の思い出が収録されている。これを紹介しながら、貨車現送を再現してみよう。

貨車は荷物を積み込んだ後、外側から扉を閉めて鎖錠する。内側にはドアの開閉装置は付いていないので、人間が同乗する場合は扉を閉めると閉じ込められてしまう。そこで隙間に木材をはさみ、ピッタリ閉まらないようにする。しかし開けっ放しでは安全上問題があるので、荒縄で扉と車体を結び開かないようにする原始的な方法を採った。夏は良かったが、冬は寒風が車内に入り込み、トンネルでは蒸機の煙に顔が真っ黒になるまさに難行だった。貨車に電灯設備はないので、懐中電灯とロウソクで対応した。

最大の問題のトイレは、駅で長時間停車する際に用を済ませたが、中には乗り遅れて後続の旅客列車に慌てて追いかける事件も起きた。貨物列車は鈍足だったので、たいていは途中駅で追いつくことができた。

行程は貨車に乗ったまま数日かかることもある。貨物列車による輸送は到着日時がはっきりしないのが通例で、東京へ向かう列車が田端操車場まで到着したのにそこから動かなくなり、目的地直前で丸1日足止めされることもあった。東京〜大阪でも3日がかり、鹿児島となると片道7日間の行程になった。

そうなると食事が問題になる。特に夏は弁当を持ち込んでも途中で傷んでしまうため、乾パンのような非常食や自炊でしのいだ。戦中戦後は軍隊経験のある行員が多かったため、飯盒(はんごう)でお米を炊くのには不自由しなかった。中には七輪を持ち込み、すき焼きパーティーを繰り広げるグループもあった。

日銀職員が戸惑ったのが貨車の入換え、突放(とっぽう)作業である※。一般人は貨車に乗った経験はないのが普通で、一方の国鉄職員は貨車に人間が乗っているとは思わないから、いつもと同じ作業をする。低速とはいえ、時速5km前後での連結は相当の衝撃で、紙幣を入れた木箱に腰かけていた行員が飛ばされ、貨車の妻板にぶつかりケガをする事故も起きた。このため日銀は貨車現送の出張者に、入換えが始まったら、腰かけずに立ってしっかりと貨車に

つかまるよう指導した。

貨車現送の貴重な具体例が、1946(昭和21)年2月23日付の大阪鉄道局報に掲載されている。松江から広島までワ1輌を使用する。恐らく松江支店で廃棄処分となった紙幣を、設備の整った広島支店に輸送するものだったろう。

行路をみると、宍道から備後落合、備後十日市(現在の三次)を経由して広島に至る3日間のコースだ。有名な木次線出雲坂根のスイッチバックを貨物列車で通過するコースで、趣味的には興味が尽きないが、この時期の出雲地方は大雪も珍しくない季節で、扉を開けた貨車へ同乗した3人はさぞ困難を極めたと想像される。

災害で列車が立ち往生した場合、通常とは違う荷物だけにそのまま放置するわけにはいかない。1948(昭和23)年9月20日、本店から高知支店へ現送していた貨物列車が土讃線阿波川口駅で土砂崩れのためにストップした。開通見込みが立たないという。連絡を受けた高知支店では、職員をトラックに乗せて現場近くに急行させたが、道路から線路までは吊り橋と急な山道を渡るしかない。結局職員が紙幣を詰めた400箱を1つずつ背負って吊り橋を渡り、トラックに載せてやっとの思いで高知支店に収容したという。

※突放　貨車の入換えの手法。連結器のピンとブレーキ管を外した貨車を機関車が押して、機関車だけにブレーキをかける。貨車は惰性で低速で切り離され、これに連結手が飛び乗って足踏みブレーキで速度を調整、時速5km/h以下になったところで連結手は飛び降りて貨車を自走させ、停車している貨車に連結させる。

かつては全国の貨物を扱う駅で日常的に見られた作業で、突放が始まると、あちこちで連結の際の大きな衝撃音が聞こえたものだ。

松江から広島へ貨車を使った現送を通知する大鉄局報。
提供：中村光司

■「平凡、かつ特殊」

メーカーに対する日銀の注文は、「車輛の外見は普通の荷物車とあまり変わらないものに。ただし安全レベルは高度な特別な構造」といういささか矛盾したものだった。

紙幣を輸送するのだから、安全は最優先である。敗戦直後は治安が悪く、警察力も十分でなかったために、現金を強奪する武装集団がマニ車を襲うという不

▲マニ34 3、新製時の2-4位。荷物室窓の鉄板を降ろしている。
1951.4.29 尾久客車区
P：中村夙雄

◀マニ34 6、新製時の1-3位。京都駅で留置中のところ。
1953.2.2 提供：藤井 曄

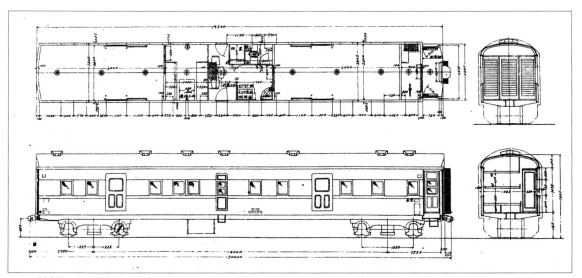

マニ34形式図　ウイングバネの台車が描かれているが、実際には戦前からのTR23を改良したTR23Aを履いた。

測の事態までも想定して、安全策が考えられる。

　「普通の荷物車のように」というのは、あまりに特異な形態では目立ってしまい、標的になりやすいという懸念だった。しかし普通の荷物車並みの構造では、意図的な襲撃を受ければ簡単に荷物室から現金が奪われてしまう。

　そこで外観は当時の標準的な荷物車であるマニ32形式に似た設計としたが、中央部に同乗する日銀職員や警備にあたる警察官・鉄道公安官※が乗り込む部屋を設け、その両側に現金・紙幣を積み込む荷物室を設置する構造とした。前位側の荷物室の妻面は扉を設けず、後位側の荷物室の車掌室側も同様に通り抜けできないようにした。荷物室や警備室の扉には忍錠や掛金錠を設置している。

　荷物室には窓を設けない方が警備上は好ましいが、そうすると窓のない外観が特異なものになって目立ってしまう。そこでマニ32に似せて荷物室の窓は設置するものの、内側から鉄板で蓋ができるような仕組みにした。

　1948（昭和23）年から尾久客車区で検修業務にあた

荷物室内部、内側の鉄板をハネ上げたところ。
　　　　　　1949.7.25　日本車輛東京支店　所蔵：日本銀行

荷物室内部、内側の鉄板で窓をふさいだ状態。
　　　　　　1949.7.25　日本車輛東京支店　所蔵：日本銀行

警備室内の寝台設備をセットした状態。
　　　　　　1949.7.25　日本車輛東京支店　所蔵：日本銀行

中段寝台をたたんだ状態。
　　　　　　1949.7.25　日本車輛東京支店　所蔵：日本銀行

警備室内の洗面台と調理台。
1949.7.25　日本車輌東京支店　所蔵：日本銀行

警備室内の便所。
1949.7.25　日本車輌東京支店　所蔵：日本銀行

った鵜沼 洸氏によると、現場には「日銀の車がくるらしい」という情報が流れてきたという。通常は一般の客車に混じって留置され、保守、検修も大きな問題はなかったが、窓ガラスが損傷して取り替える場合は手間がかかった。

マニ34の窓は頑丈な二重ガラスにしてあり、重いために 窓枠への取り付けには多数のビス止め個所があった。これを全部外して付け替え、またネジ止めする作業が必要になり、一般車輌の何倍も手間と時間がかかった。

警備室には向かい合わせに3段、6人分の寝台を設置した。後位側荷物室寄リには物置と便所を置いたほか、長距離の乗リ組みを想定してコンロ台を設け、簡単な調理ができるようにしてある。

後位側荷物室から見た警備室。右手前が便所、奥が物置となっている。
1949.7.25　日本車輌東京支店　所蔵：日本銀行

荷物室の扉は幅が1mで、モハ63系電車のドアを使用、窓のガラス部分は鉄板でふさいで対応した。セキュリティ上は一番重要な部分がいささかお粗末な印象だが、これも資材不足のなかをなんとか製造にこぎつけた反映だろうか。

こうした苦労の末に、6輌のマニ34は1949（昭和24）年7月に完成し、日銀に引き渡されて同年8月に国鉄の車籍に編入された。現送の第1号は同年8月4日で、本店から広島、下関支店向けに運行された。

完成した6輌のマニ34は1〜4の4輌が品川区、5・6の2輌が尾久区に配属された。荷重は14tで、荷物車としては標準的だが、ワム1輌とほぼ変わ

完成したマニ34 1の公式試運転に立ち会う日銀関係者。小山で1949年7月9日。当時の規程では車輌番号、配置は車体中央部に2段に分けて標記した。　　　　　所蔵：日本銀行

▲完成したマニ34 3の公式記録写真。この時期は中央に配置区略称を標記するほか、車体の1・4位に配置区名を記載した。「検車区」は戦前からの名称で、1951年には「客車区」に変わる。
　　1949.8.22　所蔵：日本銀行

◀新製直後、尾久検車区に留置されるマニ34 5。
　1949.8　尾久　P：菅野浩和

▼マニ34に使用された台車TR23A。　P：片山康毅

らない輸送量で、大騒ぎの割には輸送力が飛躍的に高まったとはいえまい。ただ同乗する日銀職員にとっては、地獄から天国へ変わったようなもので、大歓迎された。

■いくつかの謎
　ところで新製マニにはいくつかの疑問が残されている。まず台車で、公式図面では戦後の標準台車であるウイングバネのTR40が描かれているが、実際は戦前の設計のTR23を改良したTR23Aを使用した。軸箱を溶接構造にして保守の簡便化を図ったほか、荷物車用の枕バネを採用した。
　図面と現車の違いについて、採用されたばかりのコ

ロ軸受けの安定性に自信がなかったという説もあるが、筆者は鋳鋼製で重いTR40を使用した場合、荷重が制限される可能性があったためではないかと考えている。
　また図面には製造年として「昭和23年」と記載されている。国鉄の車輌が新製されると、その内容が「鉄

▲▶日本車輛東京支店で製造中のマニ34の車体。台紙には「昭和24年5月6日」の記載がある。　　　所蔵：日本銀行（2枚とも）

道公報」に掲載されて、車輌ファンの基礎データとなる。ところがマニ34のような私有車は対象にならず、公式の完成日が未だに確定していない。そこで図面やその後の国鉄の資料である「車輌諸元表」などの記載では、「昭和23年製」とされているのだが、これは疑問である。

日銀アーカイブにある製造過程の写真で、台枠や車体を組み立てている写真の説明に「昭和24年5月」などの記載があり、とても1948（昭和23）年に完成していたはずがない。そこで本書では製造年を「1949（昭和24）年」として記述している。

もう一つの疑問点が台枠である。公式記録では台枠は戦後の新製車に使用されたUF116となっているが、熱心な客車ファンの調査でマニ34 5と6の2輌はUF30台枠だったとされている（車両史編さん会『オハ35形の一族・下巻』による）。この台枠は戦前の標準型で、スハ32系客車などに使用された。戦後にわざわざ新製することは考えられず、そうなると戦前製の客車の台枠を転用した戦災復旧車ではないかという推測が生まれる。新製の経緯で明らかにした通り、マニ車は「戦災復旧車」としてGHQから鋼材の使用が認められた経緯もあり、現実に製造の過程で戦災車の材料を利用することは十分に考えられる。

ところで復旧車と思われる2輌はどちらも帝国車輌の製造だが、日銀に保管されている写真に同社工場で製造されている台枠が写っている。これはどう見ても新製で、となると同社製造の3輌のうち、残るマニ34 4の台枠ではないかと考える。もっともその隣に同種の台枠が並行して製作されている様子が伺え、これもマニ34用だとすると、数が合わなくなる。新たな謎を生む写真かもしれない。

帝国車輌で組み立て作業中の台枠。　　1949.4　所蔵：日本銀行

※**鉄道公安官**　戦後の治安が悪化した時期に列車内での犯罪が急増、警察だけでは対応しきれないために、国鉄が鉄道公安官という独自の警備組織を作り、列車への警乗や駅構内の見回りなどを行った。身分は司法警察職員で警察官と同等の権限がある。マニ車の現送の際は、公安官が駅での警戒にあたる一方、数人が同乗して、緊急事態に備えた。国鉄民営化後は各都道府県警察に「鉄道警察隊」が設けられ、業務を移管している。

第1次改造後のマニ34 5の2－4位側。警備室出入口が後位側に寄った結果、前位側荷物室扉との間の窓が5個に増え、逆に後位側荷物室扉との間は1個に減った。　　　　　　　　　　　　　　1956.12.31　尾久客車区　P：江本廣一

6．寝台を座席に
第1次改造（1954年）

　新製から5年たったマニ34に早くも設備の改良が加えられた。紙幣を運ぶ荷物室は変更がなく、大きく模様替えになったのが警備室である。

　まず6人分の寝台を撤去、座席に置き換えた。中央部の出入リロを後位側に寄せ、コンロ台を撤去してボックス席を設ける。寝台の部分には2人掛けのリクライニングシートを4つ、計8人分の座席が生まれた。

　マニ車による現送は夜行便が多く、そうした点を考慮して新製時には寝台を設置した。同乗する日銀職員、公安官は車中で特に仕事があるわけではないが、かといって寝台で寝ていていいというものでもない。寝台部分は中段をはね上げることで座席の使用はできるが、あまり快適とはいえず、どうせ仮眠程度ならリクライニングシートの方が適していると判断されたようだ。

　警備室は座席への切り替えにより、スペースを拡大、前位側の荷物室との仕切りを825mm前位側に移

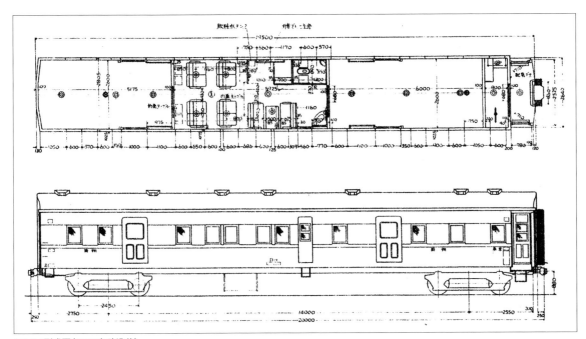

マニ34形式図（1954年改造後）

第1次改造後のマニ34 4の1-3位側。前から3つ目の窓は荷物室用だったが、仕切りの移動で警備室窓に変わった。
1956.9.25 品川客車区　P：江本廣一

動した。この結果、形式図で左から3番目の窓は、新製時は荷物室の窓で鉄板で覆われる部分だったが、改造後は警備室の窓に切り替わった。

仕切りの移動によって荷物室の容積は64.3m^{3}から60.3m^{3}に減少したが、14tの荷重は変更しなかった。電車のドアを転用した荷物室の扉もそのままだったが、2-4位の警備室ドアが後位側に寄ったため、窓配置は大きく変更になる。1-3位の窓は変更がなかった。形式図の台車はTR23タイプになっている。

■安全を意識した飲料水タンク

1-3位側の便所、物置はそのままだったが、細かいところで飲料水タンクが設置された。戦後の殺伐とした雰囲気の中で、帝銀事件のように毒薬を使った強

マニ34 2車内。手前左が4人掛け固定座席、奥の両側が8人分のリクライニングシート。　P：鈴木靖人

盗事件が発生していた時期でもあり、警備の安全性のために考慮されたのだろう。

この結果、改造後の側面は中央の警備室部分の窓、扉の配置が大きく変更になった。改造は大船工場が担当、1954(昭和29)年1月から3月にかけて実施される。マニ34の改造はその後も全て大船工場で行われるが、中村光司氏が当時の工場関係者にインタビューしたところによると、工場ではマニ車を「ニチギン」と呼んで区別していたという。

マニ34には後位側に車掌室が設けられたが、運転の際に国鉄職員が乗務することは通常はなかった。こうしたことも勘案し、この時の改造では警備室内に非常用の車掌弁が設けられている。

新たに設置された飲料水タンク。マニ34 3。　P：鈴木靖人

▲電暖改造後のマニ34 2005。外観に変化はないが、電暖用のKE3ジャンパが装備された。
1962.1.7　尾久客車区
P：片山康毅

▶電暖改造後のマニ34 2006。
1962.9.28　尾久客車区
P：片山康毅

7. 電気暖房の取り付け(1959年)

　1959(昭和34)年に、東北本線の黒磯～福島間の交流電化計画が動き出す。これに合わせ、列車の暖房方式にも従来の蒸気暖房から交流をエネルギー源とする電気暖房方式が導入され、この区間を走行する客車にはヒーターや引き通し線の設置といった改造が実施された。

　尾久客車区に配置されていた2輌のマニ34は東北、北海道方面への運用が中心だったので、当然にこの装備が必要になり、1959(昭和34)年度に2輌とも所要の改造を受けた。電気暖房装備車は車輌番号に2000を加えて区別したので、これ以降、尾久区の2輌は34 2005・2006と改番する。従来の蒸気暖房で支障のない品川区の4輌はそのままの番号だった。

　品川区の4輌と尾久区の2輌は検査や運行の都合によっては、車輌を融通し合うことがあったが、これ以降は品川区の車輌を冬期に東北方面に運転することはできなくなった。

8. 荷物室の安全強化
第2次改造(1961年)

　1961(昭和36)年度には荷物室部分を改造した。新製時の1m幅の電車用扉を撤去、左右に開く2mの窓のない2枚扉に変更する。左右に975mmの戸袋を設けて収納した。荷物室の窓は後位荷物室の中央よりの1つを除いて全て埋めて無くしたため、外観は大きく変化した。

▲第2次改造後のマニ34 3、2-4位側。前位側荷物室の窓は全てふさがれた。
1962.11.21 品川
P：吉野 仁

◀第2次改造直後のマニ34 2。改造した荷物室部分だけを塗り替えたため、色ムラがある。　P：鈴木靖人

▼マニ34 2005。第2次改造後の1-3位。後位側荷物室の窓は、警備室寄りの1つだけが残された。
1963.11.29 品川
P：菅野浩和

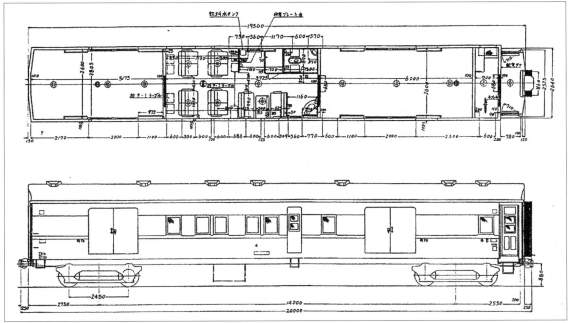

マニ34形式図(1961年改造後)

9. 冷房化と自車電源装備
第3次改造(1965年)

　現金を輸送する車輌の特殊性から、紙幣を積んでいない警備室も、夏の暑い時期でも窓や扉を開け放すことは控えざるをえない。特に制服着用が必要な公安官や警察官にとっては、室内の勤務はかなりの難行で、国鉄車輌の冷房化が計画されると、日銀のマニ車も早々に冷房改造が具体化、1964(昭和39)年度に2輌、1965(昭和40)年度に残る4輌が実施された。

　最初に改造された2輌は品川区の2と尾久区の2006である。まず冷房用の電源としては床下に3PK-9Aディーゼル機関を新設、PAG2A発電機を駆動し、60Hz、200Vの電源を供給、容量定格は20kVAだった。遠距離運用を想定し、片道は給油の必要がないように、燃料タンクは鋼板製350ℓと大型のも

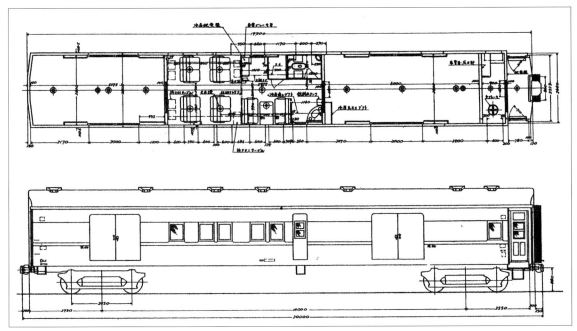

マニ34形式図(1965年改造後)

マニ34 2004。第3次改造後の2-4位。品川区の4輛にも電暖ジャンパが設置された。後位側荷物室の窓が全てふさがれる。
1967.10.22　品川客車区　P：中村夙雄

のとし、蓄電池も1組増設した。冷房装置はスロ54の冷房化の先行試作用に開発された床下型のAU21C（12,800kcal/h）で、ここから送風管で室内に冷気を供給した。

これによりわずかながら外観の変化が生まれる。後位側荷物室の警備室寄リに冷房用のダクトを設置したため、その部分にあった窓がふさがれ、2-4位側の荷物室部分は窓が全くなくなった。冷風の吹き出しは天井に設置した外付けダクトから行い、還気口を仕切り下部に設けた。

マニ34 2002。第3次改造後の1-3位。後位側荷物室に1つ残されていた窓はそのままで、2-4位側と外観に差が付いた。
1966.6.26　品川　P：豊永泰太郎

冷房用の配電盤は1-3位側の警備室・飲料水タンクのあった場所に設けられ、タンクは2-4位側の洗面台横にタイプの違う形のものに置き換えた。

■暖房も自車電源から―品川区4輛が2000番代に

外観の変化に比べ、車輛の機能の面では大きな変更が生まれる。床下に設置したディーゼル発電機を活用して、暖房も自車電源から供給するように変更した。

マニ車は特殊な運用をするため、折り返しや次の目的地への列車を待って長時間留置されることがある。乗客が青函連絡船に乗り換える場合、接続時間は原則20分だったが、入換えて車輛甲板に据え付ける作業が必要な荷物車は次の便を待って青森や函館で長時間留置することがしばしば起こる。冷房だけでなく、この間の暖房供給がかねて懸案となっていたので、自車電源で暖房も賄えるのは好都合だった。

品川区のマニ34形4輛は蒸気暖房だけを使用していたので、新たに電気暖房設備を取り付け、番号も2001～2004に冷房化と同時に改番した。尾久区の2005と2006は既に電暖設備があったが、機関車からの電源供給方式だったのを改め、配線をつなぎかえて自車電源に直結させた。ただ電暖を使用する他の一般車輛と連結する運用は変わらないため、電暖用の引き通し線はそのままとし、品川区の4輛は新たに設置した。

自車電源による電気暖房で全てを賄えるので、従来の蒸気暖房設備は必要なくなるはずだが、6輛全てでそのまま残してある。理由は北海道、四国への現送の場合に不可欠だったためだ。

青函、宇高連絡船では航送される荷物車は車輛甲板に留置される。そこでは換気の問題があるため、ディーゼル機関は使用できない。郵便車や荷物車には職員が同乗しており、連絡船のボイラーから供給される蒸気を暖房に使用するため、蒸気暖房用の機器も存置された。

▲マニ34 3車内。移設された飲料水タンク。
　　　　P：鈴木靖人

▶冷房関係機器が増設され、床下が密になったマニ30 2001。
　1972.9.23　品川
　　　　P：伊藤威信

■自重の増加で荷重を3t減—300億円の輸送力減に

　マニ34は冷房改造を受けるまで、自重が31.1t、荷重が14tとなっていた。紙幣は1枚がほぼ1gで、1tは100万枚になる。一万円札ならば100億円に相当するから、荷重14tのマニ車は1回につき1400億円の紙幣を運べた計算である。

　ところが冷房化を含めた第3次改造によって、自重が大幅に増加し、34.1t－35.0tに達した※。大型の燃料タンクは軽油を満載すると0.3t程度の重量になる。こうした新しい要素を加えると、従来の荷重のままでは「マニ」で収まらず「カニ」になってしまう。そこで荷重を11tに制限し、「マニ」を維持した。3tの積載減は一万円札なら300億円の能力減に相当する。

　ところで改造を実施する前に作成された部内用の図面（VC03712）には、「自重33.4t、荷重13t」の欄外記載がある。マニ34は紙幣を満載して運行されることもあり、運行回数の増加につながる荷重の減少は、できれば避けたいところである。そこで改造による自重の増加を2t強と見込み、荷重を1t減にとどめる想定で改造計画が立てられたようだ。しかし工事後の実測では見込みを上回る重量増加となってしまい、やむなく荷重を11tに引き下げたという経緯が推定できる。

　積載能力の減少はいろいろ不都合があったようで、1979（昭和54）年度に2次車6輛を新製して置き換える際には、モデルとなったマニ50形式荷物車は鋼板を使用したのに、マニ30ではアルミに置き換えて自重を抑制、荷重を14tに復帰させている。

　3次改造以降は6輛全てが廃車となる1980（昭和55）年まで、大きな改造は行われていない。細かい改良では1966（昭和41）年度末に行われた蛍光灯の設置工事がある。警備室、車掌室の天井灯をトランジスタ式蛍光灯に置き換えたが、それ以外は従来の白熱灯を残した。6輛全ての工事を、これも大船工場で実施している。

※改造直後に撮影されたマニ34の画像を点検すると、尾久区の電暖既装備車の自重が35.0t、品川区の電暖新装備車が34.1tと分かれているようである。理由は不明だが、尾久区の2輛は機関車から受ける電源を降圧する変圧器など既設の電暖機器を取り外さずに、回路だけを自車電源に接続したので、品川区の4輛に比べて重かった可能性がある。

自重35.0t、荷重11tの標記が読み取れるマニ30 2006。　　　　　　　　　　1976.9.23　尾久客車区　P：豊永泰太郎

品川駅構内で一般客車と混結されて入換え作業中のマニ30 2002。　　　1975.3.1　P：藤井　曄

10. 形式変更でマニ30に
タブーの始まり（1970年）

　新製から20年を経た1970（昭和45）年に、突然マニ34形式はマニ30形式に改称された。この時期に形式を変えるほどの改造、変更があったわけではない。

　荷物車の「30」という形式番号は、それまで鋼製客車の第1陣であるオハ31系17m客車の荷物車であるスニ30が使用していた。1965（昭和40）年度に形式消滅し、番号が空いていた。こうした場合に、後から登場した形式が、空いている番号を使って2代目になることはあるが、既に別の形式番号のある車輌を改番する例は、客車の世界では筆者の知る限りは他に例がない。

　マニ34は特殊な用途の車輌だったので、客車ファンに限らず車輌に関心を持つファンには知られた存在だった。マニ30への形式変更は、当然ながら国鉄当局からの説明はなく、その背景をめぐってファンがあれこれ推測する事態になった。

　一つの解釈は当時老朽化した荷物車の置き換えのために、旅客用客車からの改造で新形式が続いており、形式番号を整理して空きを作っておくためというものだ。有り得ない話ではないが、この時点でも荷物車の形式番号には30、31、33や42番以降が使われていなかったので、すぐに番号不足を心配する状況とはいえない。

形式変更後の番号標記。　　1977.9.3　品川客車区　P：片山康毅

　もう一つの説はファンを中心に外部の人間にも「マニ34」という車輌の存在が知られるようになってきたため、形式を変えて目立たないようにしたというものだった。筆者は改番直後に、国鉄関係者にパイプのあるファンからそう聞かされた記憶がある。筆者はこちらの説が有力と考えているが、未だに真相は不明である。ただこのあたりから、国鉄当局がマニ車に関する情報に、かなり神経質になってきたのは確かだ。

■公式記録からの抹消

　これ以降、国鉄は意図的にマニ30の存在を秘匿するようになる。外部に公表していた車輌の情報としては、基本的なものに年度末の「形式別輌数表」や「車輌諸元一覧表」があるが、こうした資料にマニ30が掲載されなくなっていく。車輌ファンが毎年必ず購入した『国鉄車両配置表』は国鉄からの資料をもとに電気車研究会などが刊行していたが、1980（昭和55）年版を最後に掲載されなくなる。これ以降、国鉄に在籍する客車は実際より6輌少ない数字が公式になる。

誠文堂新光社から1965(昭和40)年に発行された『客車・貨車ガイドブック』は、星晃、卯之木十三、森川克二という国鉄の車輌設計技術者3氏が執筆したもので、そこでは2ページを使いマニ34の写真、形式図、解説を掲載している。解説は「昭和23年、インフレによるばく大な現金輸送の必要から、日本銀行所有の現金輸送用荷物車としてマニ34形式車が製作された。この車は、中央に警備員室、その前後に荷物室、最後部に車掌室がある」と詳しく説明されている。

1971(昭和46)年には卯之木、森川両氏による新版が発行された。ここではマニ34の解説は省かれたが、巻末の「客車諸元表」には他の車輛と一緒に数値が掲載されている。『ガイドブック』シリーズは好評だったため、数年おきに改訂版が作られる。「客車・貨車」では1978(昭和53)年にも新版が登場したが、形式変更後のマニ30が解説されることはない一方、諸元

20系にはさまれて留置されるマニ30 2001。　　　　　　1977.9.3　品川　P：伊藤威信

表には登場しているし、巻末の「客車形式別両数表(昭和52年3月末現在)」には『車両配置表』からは姿を消した「マニ30　6」の記載がされた。

変わったところでは、1981(昭和56)年に出版された『学研の図鑑』の第50巻『客車・貨車』があげられる。同書の32ページには郵便車・荷物車が数形式、イラスト付きで取り上げられ、ここにマニ34が登場する。解説には「昭和23(1948)年につくられた、日本銀行所有の現金輸送車。中央に警備員のへやがあり、窓は全部鉄板でふさぎ、とびらも厳重にしめるなど、きびしい警かいをした荷物車であった」とある。子供向きを意識してひらがなを多用しているとはいえ、なかなか子供が理解するには難しい内容だ。

この時点では形式はマニ30に変更されていたし、鉄板でふさぐこともなくなっていたはずだが、説明はマニ34で通している。既に国鉄当局は、マニ車の情報を抑えていた時期のはずだが、子供向けの図鑑ということで、容認されたのだろうか。

ところで鉄道友の会は毎年、前年に登場した新型車を対象にブルーリボン賞、ローレル賞の選定をしている。マニ30形2次車は従来形式の増備の形をとって追い番で登場しているが、実質的には新車であるという理解で、1979(昭和54)年の対象車輛に加えられた。この賞は会員の投票で選ばれるため、会報の『Rail Fan』はこの時期に対象車輛を掲載して選考の材料とする。1979(昭和54)年4月号に掲載された際は、日銀所有、現金輸送といった説明はなく、単に国鉄の荷物車として紹介されている。

現金輸送中のマニ車は厳重な警備体制の下に置かれたが、業務から外れて車輛基地で待機している時は、特別扱いを受けたわけではない。客車区では他の一般車輛の予備車につながれて留置線に置かれていたし、

最後にマニ30が掲載された1980年版「車両配置表」。
(電気車研究会刊、転載許諾済)

品川駅構内で入換え中の2次車マニ30 2008。工場への入出場なのか、貨車にはさまれている。　　　1978.12.2　品川　P：藤井　曄

警備室を含めてドアが開け放たれていることも多かった。品川や尾久駅のホームにいると、客車の入換え作業を見ることができるが、その際に入換え機関車に引かれて往復する姿を見ることもできた。

■趣味誌にも起きた様々な制約

図鑑や会報は多少の緩やかさはあったが、趣味誌にはマニ車に関する様々な規制と編集上の制約が現れた。マニ30が運転された現場に遭遇した読者からは、ニュース短信にしばしば投稿があったが、編集者は掲載を見合わせたという。

実物とは離れた模型誌でも事情は変わらなかった。レベルの高いファンが製作する模型は、車輌の構造や室内配置なども類推できるものになり、実物の情報と同様に当局は神経を尖らせた。実際には国鉄よりも日銀の方が神経質だったようで、日銀内部のレイルファンが趣味誌の掲載情報に気付き、当該部門へ連絡して問題化したケースもあったようだ。

こうしたトラブルが何回か続いた結果、趣味誌にはマニ車に関する記述が徐々に現れなくなる。わずかに、鉄道友の会客車気動車研究会の機関誌『食堂車』には、マニ車に関する記録が掲載されていて、貴重な資料となっている。

『食堂車』は1972（昭和47）年の創刊以来、毎月発行されて会員による各種の調査、記録データが掲載され、現在も継続している。マニ30への形式変更も会員の間では当然ながら大きな話題となったし、2次車が登場すると早速新車に記載されている現車データが発表されている。会員限りの同人誌的な性格が幸いしたといえる。

column 悔恨のマニ30　　　　名取紀之

詳しいことは忘れました（？）が、時は国鉄分割民営化前後のこと、当時私が編集長を務めていた『Rail Magazine』誌上で「マニ30製作記」と題した模型製作記事を掲載したことがありました。ちなみに当時は模型関連記事を『RM MODELS』に分離する前で、『Rail Magazine』誌上に模型記事が併載されており、マニ30はご常連の作者の手による1/80スケールのペーパーモデルでした。製作記では停車中の現車の窓寸を採寸していて鉄道公安官に制止された経緯なども記述されており、さらには、よりによって模型化図面なる5面図も掲載しておりました。

いわゆる"本丸"から呼び出しが掛かったのは該当号発売から数日後のことです。なんでも日本銀行から掲載記事を問題視する連絡があり、事情を伺いたいとのこと。よくぞ趣味誌の、しかも模型記事にまで目を光らせているものと逆に恐れ入りましたが、後から伝え聞いた話では、日銀の中に『Rail Magazine』誌の読者がおられ、そのルートからのご注進だったようです。

結局コトは事情聴取だけに終わり、今後はご配慮を…という落とし所で決着をみたのですが、以後、編集部でもマニ30は触れてはならぬものとして忌避されることとなります。ちなみに「知らない車輌はない！」をキャッチコピーに毎年ご好評をいただいた『JR全車輌ハンドブック』にも、マニ30は「JRの車輌ではない」との理由でついに掲載することはありませんでした。　　（RM LIBRARY編集長）

11. ブレーキ方式の変更
20系との併結（1976年）

1970年代になると、特急寝台列車の改良のために14系客車が登場、それまでの主役だった20系客車が急行列車に転用されるようになる。1976（昭和51）年春からは、東京〜大阪間の急行「銀河」に、初めて20系客車が使用された。

「銀河」は関西地区への現送にしばしば利用されてきたが、マニ30はブレーキ装置が一般の客車と同じA制御弁を主体とするAV空気ブレーキ装置で、そのままでは20系に連結できない。そこでマニ30のブレーキ方式を変更する必要が出てきた。

もともと20系はA制御弁を使ったAREBブレーキ方式だったが、性能の向上を図るために1970年代に3圧力式の膜板式KU１A制御弁に取り替えられてきた。そこでマニ30も制御弁を20系と同じKU１A形に取り替えた。関連する機器も見直し、補助空気ダメを取り外して供給空気ダメを設置するなどで対応した。膜板式制御弁は一般客車とも連結できるので、運用には問題ない。

20系客車は牽引する機関車に元空気ダメ引き通し管が必要で、特急用の機関車運用が必要だった。急行に転用されると、通常の機関車でも牽引できることが望ましいために、「銀河」転用の際はカニ21に電動空気圧縮機を搭載してカヤ21とし、編成に供給した。

一部のブレーキ関連機器が取り替えられたマニ30 2001の中央部。　　　　　　　　1977.9.3　品川客車区　P：藤井　曄

このため機関車からの供給はなくなるので、機関車の次位または最後部に連結するマニ30には、元空気ダメ管は装備していない。

この改造は車体の上回りには全く変化がなく、床下機器の一部が取り替えられただけなので、よく注意しないと変化が見分けられない。

ところでこの改造内容については、国鉄の客貨車技術者向けの専門誌『車両工学』1976（昭和51）年7月号に、車両設計事務所の担当技師が解説する記事が掲載された。マニ車に関しては情報管制が強まる一方で、市販の雑誌にマニ30の詳しい記事が出るのはこれが最後となった。

東京駅で20系「銀河」に連結され発車を待つマニ30 2002。ホーム上には台車に積まれた「荷」と制服姿の警察官が見える。

1977.5.23　P：関　崇博

2次車マニ30 2007の2－4位。荷物室に窓はなく、警備室も少なくなった。　　　　　1987.8.8　梅田　P：片山康毅

12．2次車への置き換え
30年ぶりの刷新（1978年）

　1970年代後半になると、14系、50系といった新系列の客車が登場する一方、新製から30年近くが経過したマニ30には老朽化が目立ってきた。そこで車輌の置き換えが計画され、1978（昭和53）年に3輌、1979（昭和54）年に3輌が新製登場する。全面的な新設計となったが形式はマニ30を踏襲、番号は1次車に続けた追い番で30 2007～2012を付けた。落成日は2007～2009が1978（昭和53）年9月21日、2010～2012が1979（昭和54）年5月15日である。全て日本車輌で製造された。

　車体形状、内部の構造など設計の大要は、当時大量増備が続いていたマニ50形式荷物客車に準じた。大きな差は、マニ50が鋼製車体であったのに対し、マニ30ではアルミ合金を採用、これによって車体重量の軽減を図った。客車でアルミ車体となったのはマニ30が初めてである。塗色はマニ50に合わせ、青15号を使用、1次車のぶどう色2号から一新、車体長は1次車の19.5mから20.8mに長くなった。

　この結果、マニ30は冷房装置、エンジンなどを搭載したにもかかわらず、自重は30.8tとマニ50に比べて2tほどの重量増に抑え、マニ30形1次車に対しては約4tの軽減となって、荷重を14tに戻すことができた。マニ30形1次車は冷房改造の際に荷重を14tから11tに減らしたために、運行回数増加などの不便が生じていた。荷重を14tに戻すことが最初に目標と

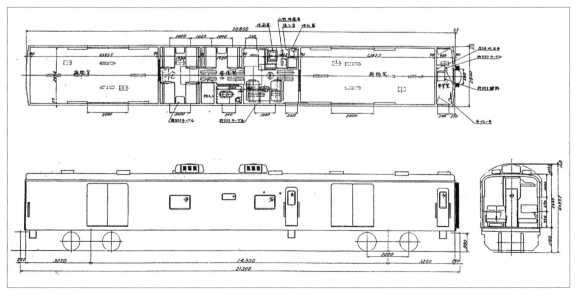

マニ30 2007～形式図

2次車マニ30 2008の1－3位。中央部の出入口扉は2－4位側と幅は一緒だが、位置が異なる。　1989.5.5　大井　P：藤田吾郎

してあって、そのための方策としてアルミ車体が採用されたのではないかと考えているが、詳細は不明である。当然、日銀と国鉄・車輌メーカーとの間のやり取りがあったはずだが、残念ながら日銀のアーカイブにはこれに関連する文書は残されていなかった。

構成は1次車と同様に、中央に警備室、前後に荷物室を設け、前位側を第1荷物室、後位側を第2荷物室とした。1次車は最初の改造で警備室を拡張、前位の荷物室が縮小したが、2次車では前位、後位側とも長さ6382mm、容量約34m³の同じ大きさの荷物室を設けた。左右同仕様の配置はマニ34新製時と同じスタイルである。荷物室には窓がなく、内部はモニターテレビで警備室内から監視できるようにした。

警備室にはリクライニングシート2脚（4人用）とA寝台車に使用するプルマンタイプの2段寝台3組（6人用）を設けた。1次車と同様に便所、物置の他、流し台、冷水器、冷蔵庫に電子レンジも設置して、長距離の乗り組みに備えた。便所は1次車と違って2－4位側に設置し、難燃性FRPを使ったユニット構造である。この時点では循環式汚物処理装置は準備工事にとどめたが、その後に取り付けられている。

冷暖房は床下のディーゼル発電機（20kVA）からの自車電源で賄うが、暖房については機関車からの交流

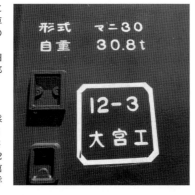

▲マニ30 2007に付けられた「日本車輌　昭和53年」の製造銘板。
1990.12.23　梅田
P：藤田吾郎

▶アルミ車体の採用で自重は30.8tと大幅に軽量化された。　2016.5.22
小樽市総合博物館
P：和田　洋

警備室に設置されたモニターテレビ。警備室からは荷物室内部の状況をみられるようになった。
2016.5.22　小樽市総合博物館　P：和田　洋

手前が警備室のリクライニング座席、奥が寝台設備。
2004.7.5 小樽市総合博物館　P：藤田吾郎

車掌室は常時乗務する想定でないため、必要最小限の機器を備えている。
2016.5.22 小樽市総合博物館　P：和田 洋

電源でも使用できるように切り替えスイッチを設けてある。この時点では本四架橋、青函トンネルともに完成していなかったため、連絡船による航送時の暖房用に蒸気暖房の設備も引き続き取り付けた。燃料タンクの容量は、1次車の350ℓを大幅に増やして600ℓとした。

1次車と同様に前位側の妻面には扉を設けず、通り抜けできない構造である。車端機器の配置は、電気暖房用のKE3と新系列車輌の低圧用KE85ジャンパを備えたうえに、蒸気暖房管（SP）用のホース、空気ブレーキ管（BP）ホースに元空気ダメ管（MRP）ホースを付加したため、妻面はかなり賑やかになった。

後位側には車掌室を設けてあるが、マニ30の場合は車輌内に国鉄の車掌が乗務することはなく、手ブレーキ、車掌弁、折り畳み椅子がある程度の簡便な室内構造である。暖房装置も電気暖房のみで、蒸気暖房設備は付けていない。

台車は50系客車で採用されたTR230台車をベースに、枕バネと軸バネを改良したTR230Bを使用する。枕バネはコイルバネだが、軸受けは密封コロを採用、保守の簡易化を図った。

■初めての大阪配置

2次車は1次車と同様に6輌が製造され、1次車は順次置き換えられて、1979（昭和54）年度に4輌が、1980（昭和55）年度に残る2輌が廃車になり、姿を消した。廃車となった車輌は日本車輌製造豊川製作所（当時の名称は「豊川蕨製作所」）に送られた。

2次車がこれに代わっていったが、配置では大きな変化が生じる。1次車では4輌が品川、2輌が尾久区

マニ30形2次車と1次車（冷房改造後）の主要諸元

項目	1次車	2次車
構体	鋼製	耐食アルミ合金
最大長さ	20000mm	21300mm
車体長	19500mm	20800mm
ボギー中心距離	14000mm	14300mm
最大高さ	3865mm	4089mm
最大幅	2640mm	2803mm
荷物室容積	60.3m³	約68m³
荷重	11t	14t
自重	34.1－35.0t	30.8t
最高速度	95km/h	95km/h
台車形式	TR23A	TR230B
軸受け	平軸受	密封コロ軸受
ブレーキ弁	KU1制御弁	KU1制御弁
暖房方式	電気及び蒸気暖房	電気及び蒸気暖房
ディーゼル機関	3PK-9A	4PK-9A
発電機	PAG-2A	PAG-8D
燃料タンク容量	350ℓ	600ℓ
冷房装置	AU21C	AU13AN×2
ジャンパ連結器	KE3	KE3、KE85

マニ30 2008前位側妻面。2つのジャンパに蒸気管、BP管、MR管を装備したため、複雑になった。1989.5.5 大井　P：藤田吾郎

国鉄末期には貨車と一緒に留置される光景がみられた。品川駅港南口の貨物ヤードで、マニ30 2010。　　　1984.7.2　P：伊藤　昭

だったが、２次車では品川区配置が３輌に減らされ、マニ30 2007が大阪・宮原客車区に初めて配置された。

　1975（昭和50）年には新幹線が博多まで開業し、東京を起点にしていた西日本向けの輸送形態が大変わりする。東京から西鹿児島まで直行していた急行「桜島・高千穂」も同年のダイヤ改正で廃止になり、マニ車を連結すべき東京発の急行が姿を消してしまう。そこでかろうじて夜行列車の残った大阪発の列車を起点にした運行の組み替えが実施された。

　日銀の組織では大阪支店は本店並みの体制を整えている。そこでマニ車も大阪配備車を設けて、現送を効率的に行う仕組みを作り上げた。この結果、1980（昭和55）年以降のマニ30は品川区３輌、尾久区２輌、宮原区１輌という配置体制になる。さらに現送が客車急行から荷物列車へ移行すると、品川、尾久区配置車は

２次車の台車TR230B。
　　　2016.5.22　小樽市総合博物館　P：和田　洋

それぞれ、荷物車の基地である汐留、隅田川区へ移籍した。

　その後のマニ車はコンテナ列車での運転に移行、配置される運転現場の名称は変わっていくが、３−２−１輌という基本的な配置体制は現送が廃止となる2003（平成15）年度まで変わらなかった。

「大ミハ」所属のマニ30 2007。　　　1979年　名古屋　P：藤井　曄

EF210牽引のコンテナ列車に連結され東海道本線を行くマニ30。国鉄分割民営化により、マニ30は客車ながらJR貨物に移管された。
1999.7.7　鶴見　P：関本　正

13. JR貨物への移管
コンテナ列車での運行（1987年）

　国鉄は1987（昭和62）年4月、分割民営化されて6つの旅客鉄道会社と1つの貨物鉄道会社になる。マニ30は荷物車という客車ではあるが、当時の運行の実態からみて、多少の調整作業はあったが日本貨物鉄道（JR貨物）への移管が決まった。

　国鉄末期になると、旅客、貨物輸送ともに大幅な合理化が進み、マニ車を連結できる客車急行が姿を消す。代役を務めた荷物列車も1986（昭和61）年に全廃され、これ以降、マニ30はコンテナ列車に連結されていた。マニ30形2次車は新系列客車との併結を前提にブレーキ方式を改良していたので、コキ50000系などとの連結も問題はなかった。

　荷物輸送は乗客の手荷物、小荷物を輸送するサービスとして明治以来の伝統があり、国鉄の組織では旅客局荷物課が担当していた。一方で貨物輸送は貨物局の所管で、モノを運ぶという同じ性格の業務を2つの組織で別々に運営していた。

　日銀券輸送はマニ34の新製以降、荷物輸送として旅客局が取り扱ってきたが、国鉄末期に荷物輸送が廃止になった結果、貨物局が業務を引き継ぐ。ほぼ全廃された荷物輸送の中で、わずかにJRに承継されたのが日銀券輸送だったわけだ。

　貨物列車での運用が常態となったなかで、国鉄は民営化されたため、マニ30は6輌全てがJR貨物に所

汐留配置のマニ30は大井区所属となり、配置標記は「東タミ」となった。　　　　　　　　　　　1989.5.5　大井　P：藤田吾郎

左は隅田川区配属の2輌の「東スミ」標記。右は梅田区所属となった2007の「西ウタ」標記。
左）2016.5.22　小樽市総合博物館　P：和田　洋
右）1990.12.23　梅田　P：藤田吾郎

臨時に所属標記を抹消したマニ30。　　　　　　　　　　　　　　1989.5.5　大井　P：藤田吾郎

属した。国鉄時代の配属を引き継ぎ、2007が梅田貨車区、2008〜2010が大井機関区（貨車検修部門を併設）、2011・2012が隅田川貨車区に配置される。

所属標記はそれぞれ西ウタ、東タミ、東スミに変った。西、東はJR貨物の関西、関東支社の略号。大井区配置車は常備駅である「東京貨物ターミナル」駅の標記である。その後、梅田貨車区は梅田地区の再開発に合わせて廃止となり、吹田機関区（西スイ）に配置が変わり、この体制で最後を迎える。

非常に特異な事情だが、配置標記が消されたマニ30が存在した。1995（平成7）年に発生した阪神・淡路大震災の影響で、関西地区で全検を委託していたJR西日本の鷹取工場が被災、稼働できなくなった。このため梅田区配置だったマニ30 2007を臨時に東京地区に移し、その際に配置標記を抹消している。こうした災害時以外にも臨時に配置を変更して標記を消した例はあったようだ。

■**全検は旅客会社に委託**

JR貨物は3万輌近い車輌を保有するが、機関車以外は当然ながら全て貨車になる。国鉄の末期に貨物列車に列車掛が乗務することが廃止され、車掌車等の乗務員用の車輌は基本的に運用から外れたので、暖房やトイレに関する設備は撤去されていく。マニ30は同社の車輌分類では「貨物車」に含められたが、実態は客車であり、冷暖房、水回りなどの客車としての保守、点検が必要である。

6輌だけのためにJR貨物社内で特別の機器や要員

検査のために大宮工場に送り込まれるマニ30 2010。　　　　　　　　1989.5.25　P：藤田吾郎

「63−2 鷹取工」の全検標記を付けたマニ30 2007。
1990.12.23 梅田 P：藤田吾郎

を配置することは効率的でないため、交番検査は配置区で行ったが、全般検査は東日本、西日本の2つの旅客会社に委託、それぞれ大宮、鷹取工場で実施した。

国鉄の大宮工場は民営化の際に、JR東日本・大宮工場とJR貨物・大宮車両所の2つに分割され、旅客車は東日本、機関車と貨車は貨物が担当した。マニ車は形式的には「貨車」に区分されたが、実態に合わせて旅客車と一緒に東日本・大宮工場に委託された。

トイレについては、車両基地に汚物処理設備がないため、月1回のペースでバキュームカーが構内に入り抜き取り作業をした。給水は地上からホースを接続できたが、ディーゼル機関用の給油はタンクローリーを入れて出発前に満タンにした。

貨車だけの世界に異端の車輛が混じりこんだ形だが、現場では紙幣の輸送という公共的な業務に従事することに、大変誇りをもって保守、運行にあたったという。

■情報統制は継続―輛数表には掲載

国鉄時代の1980年代以降、マニ車に関する情報が秘匿された事情は先に述べた。JR貨物になってからも、運転情報自体は厳秘とされて、社内でも限られた人間しか知らなかった。社長、役員などの経営陣も同様だったが、事故が起きると報告があったという。多

汚物タンクは容量255ℓ。月1回、バキュームカーが抜き取り作業をした。 2016.5.22 小樽市総合博物館 P：和田 洋

「1−2 大宮工」の全検標記を付けたマニ30 2011。
1992.6.27 隅田川 P：藤田吾郎

かったのは冷房の故障で、上り列車で青森から急きょ氷柱を積んだこともあったが、恐らく焼け石に水だったろう。

国鉄時代は、形式別輛数表からも抹消され、存在そのものが消えた形になったが、JR貨物ではそこまでではなかった。2003（平成15）年に公刊された『JR貨物15年のあゆみ』には資料編に「私有貨車両数の推移」表が掲載され、ここには「荷物車・マニ」として1987年から2001年度末まで、毎年度6輛の在籍があることが記されている。

■運行の特色―臨時免許の取得も

マニ車の運行はあらかじめ方面別に連結列車、位置が指定されていて、運転日には定位置に連結される。主要路線のコンテナ列車は牽引定数、途中駅の有効長いっぱいの列車が多く、マニ30を運転する場合は組成方の変更を指示し、コキ車1輛を減車してマニを連結した。

国鉄時代の末期からJR貨物になって以降も、貨物列車の運転を取りやめる区間が全国で発生した。その結果、日銀の支店がありレールは通じていても、マニ車を連結する貨物列車が運転されていないケースが出

定期貨物列車のない路線ではマニ車1輛のために臨時貨物列車が設定された。土讃線、高知市内を走行する臨貨。
2001.3.8　土佐大津－布師田　P：北村増紹

て来る。長崎、高知などである。
　JR貨物はこうした地区で、集荷したコンテナ貨物をトラックに乗せ、貨物列車を運転するターミナル駅まで運ぶ「オフレール輸送」という手法で、営業網を維持した。しかし現送の場合はさすがにこの方式は採用できず、マニ1輛を機関車牽引する臨時貨物列車を設定した。

　JR貨物は旅客鉄道会社の線路を借りて列車を運転するための免許を必要とする。土讃線の場合は、貨物列車の定期運転を取りやめた後も、免許は保有していたので、マニ列車運転の場合はJR四国との協議だけで実現できたが、免許自体を返上している線区もあり、その場合は運転の都度臨時免許を申請、取得して対応したという。

コンテナ列車の最後尾に連結され東海道を東へ向うマニ30 2010。
1992.7.15　芦屋－西ノ宮　P：RGG

金沢貨物ターミナルに留置されるマニ30 2012。警備がしやすい車輛基地ばかりではなかった。　　　1990.5.1　P：藤田吾郎

14. 現金輸送の廃止（2003年度）

　全国を走破していたマニ30は、1990年代に入ると徐々に自動車輸送に切り替わってきた。高速道路網が発達し、鉄道と変わらない輸送時間で現送ができるようになる。

　最大のメリットは途中での警備体制を省けることである。マニへの積み込み、積み下ろしには特別の設備はなく、貨物駅の一角を立ち入り禁止にして、大がかりな警戒体制で万全を期した。広大な貨物ターミナルは、必ずしも警備がしやすいところばかりではなく、関係者は神経を使った。自動車現送ならば日銀の本店で積み込み、支店で下すだけで、走行中の警備だけですむ。

　特に難しかったのは、目的地へ向かう線区に事故が起きて、運転が抑止される場合である。旅客列車であればある程度の規模の駅まで運転して、そこで前途運休などの対応になるが、貨物列車の場合は途中の中間駅や、場合によっては無人駅で開通待ちになる場合がある。通常貨物なら復旧を待っていれば良いが、現送の場合は急きょ地元の警察に警備を依頼するといった対策が必要になった。災害や異常時には列車整理の優先順位が付けられるが、「日銀券マニ車」を連結している列車は速やかに運転を再開するようになっていた。

　貨物輸送の構造変化も影響した。JR貨物は1988（昭和63）年からコキ100系コンテナ車の量産を開始する。応荷重機能の付いた電磁自動空気ブレーキを装備することで、最高速度を110km/hに引き上げ、貨物列車の高速化で競争力を高めていった。客車の世界では、空気ばね付きのTR217系台車を備えた14系客車や、オユ14などの一部郵便車は110km/h走行が可能だったが、マニ30は50系客車の標準タイプであるコイルバネのTR230系台車だったため最高速度は95km/hである。主要幹線の貨物列車高速化が進展すると、マニ車を連結できる列車が限定されるという事態も起きてくる。

　こうした構造的な問題が制約となって、自動車への切り替えが動き出す。1992（平成4）年には、日銀の本店と新潟支店との間が、列車現送から自動車現送に切り替えられた。同年には小樽支店について、本店・小樽支店間の列車現送を、札幌・小樽支店間の自動車現送に変更することが決定された。本店・札幌支店間の列車現送は残っていたが、小樽への立ち寄りを列車で設定することが難しくなっていた。

　最終的には2003（平成15）年度に全ての鉄道輸送が自動車に切り替えられ、マニ車は全車が廃車になる。

下関貨物駅でのマニ30 2008。　　　1991.9.11　P：藤田吾郎

15. 小樽での保存
思惑のからまる転籍

　マニ車による現送が終了した後の2004(平成16)年、廃車となった6輌のうちの1輌が保存されることになった。保存先は小樽交通記念館で、日銀から小樽市に寄贈する方式をとった。現送については厳重な情報管制を求めていた日銀が、業務が終了したとはいえ、マニ車の現物を公開するに至ったのは、日銀を取り巻く様々な環境の変化があった。

　1980年代から、日本企業の間で流行した企業のブランド戦略にコーポレート・アイデンティティ（CI）がある。企業全体のイメージを様々な手法で外部に浸透させようというもので、日銀も一般企業と同様に、企業イメージ向上を狙ってCIを導入することになった。

　それまでの日銀は「中央銀行は弁明せず」という言葉に象徴されるように、外部への情報公開、発信には消極的だった。金融政策の変更と政策意図は、専門知識のある金融機関などの限られた関係者に伝えられれば、それで十分と考えられていた。

　深刻な反省を迫られたのは、1973(昭和48)年の石油ショック後の狂乱物価で、日銀が厳しい批判にさらされたためだ。金融政策に対する国民的な支持や信頼がなければ、中央銀行の任務をきちんと果たすことはできないと考えた日銀は、まず日銀がどのような業務を行っているかを積極的にPRするようになり、その一環としてマニ車を公開して紙幣の輸送業務を紹介する構想が生まれた。

　小樽市に寄贈された経緯にも、いろいろな事情が介在した。80年代以降の様々な日銀批判の中に、一般企業のようなコスト削減の努力が足りないというものがあった。日銀はこれに対して支店の削減を打ち出し、小樽と北九州支店を廃止する計画を発表する。

　これに対し北九州からは政治を巻き込んだ強い反対運動が起こり、日銀は計画の見直しに追い込まれる。小樽支店は業務を札幌に統合し、2002(平成14)年に廃止になるが、結局支店の統廃合はここだけに終わってしまい、日銀には小樽に対して多少の借りができたという感覚が残った。

　このため日銀は小樽市の経済活性化に協力する姿勢を打ち出し、戦前の銀行建築として評価の高かった支店の建物を保存、金融資料館として公開展示した。小樽市はこれ以前から、運河を核にした観光戦略を強化しており、1986(昭和61)年には廃止となった国鉄の手宮線や手宮駅の跡地と、国鉄時代に手宮駅に隣接して開設された北海道鉄道記念館を活用し、「小樽交通記念館」が発足する。手宮駅は北海道の鉄道発祥の地であり、敷地内には国の重要文化財に指定された「旧

日銀旧小樽支店。現在は金融資料館として公開されている。
2016.5.22　P：和田 洋

手宮機関庫」もあって、鉄道に関する総合的なテーマパークを目指した。そうした場に、マニ車の寄贈がぴったりはまったわけだ。

　2004(平成16)年6月20日から23日にかけて、マニ30 2012は小樽へ送られた。隅田川駅からコンテナ列車に連結されて札幌貨物ターミナル駅へ到着、トレーラーに積み替えられて手宮へ送られた。同年7月から一般公開されている。

　交通記念館はその後、経営難から2006(平成18)年にいったん閉鎖になるが、小樽市は市内に点在する文化施設を統合して総合博物館として翌07年に再スタート、現在に至っている。いろいろな思惑を積んだ政略的な輿入れでもあったが、そのおかげで内部に入ることなどもってのほかだったマニ車を、自由に見聞できるようになったのだから、我々ファンにとってはタナボタ効果は大きかったといえる。

　ところで、日本銀行のホームページには対外広報を目的にした「教えて！にちぎん」というページがある。いくつかの質問と回答が掲載されているが、ある時期までここに「マニ車について教えてください」という項目が掲載されていた。現在はその項目は削除されているが、掲載時の説明は以下の通りである。執筆したのは日銀職員と思われるが、注記部分などを読むと、かなりのファンと見えて記述は正確で細かい。

――「マニ車」とは、かつて日本銀行が、現金輸送に使用していた鉄道貨車の俗称です(正式名称は「マニ30形式荷物客車」)。「マニ」という言葉は、国鉄当時からの客車車両の形式記号で、「マ」は重量(42.5t以上47.5t未満)を、「ニ」は使い方(荷物車)を表します。マニ車の運行は2004年3月末で全て廃止され、最後まで活躍した六両のうち一両は、北海道の「小樽市総合博物館」で見ることができます。(注＝1949年に最初に登場した車両は「マニ34」でした。これらの車両は、途中で冷暖房装置などの改造がおこなわれ、1970年に「マニ30」と形式番号が変わりました。)

◀小樽交通記念館に搬入された直後のマニ30。
　　　　2004.7.4　P：藤田吾郎

▼車内に残された注意書き。「現送」の文字が見える。
2016.5.22　小樽市総合博物館
　　　　　　　　P：和田　洋

16. 保守と検修・改造
日銀と国鉄の契約

　国鉄の線路上を走る車輌には、わずかながら国鉄以外の組織が所有する私有車がある。客車の場合は郵政省(現在の日本郵便)が郵便車を運行した。また貨車の世界では、タンク車やホッパ車で専属の運用をする私有貨車がある。

　これらの私有車は国鉄の車輌称号規程に基づいて、一般の車輌と同じルールで形式・車輌番号が付けられ、日常の保守も客貨車区や工場で点検、検修が行われた。所有者にはそうしたノウハウはないので、全て国鉄が代行して実施、所要経費を請求する方式で、そのために国鉄は所有者との間で委託契約を結ぶ。マニ車の場合は「私有車車籍編入についての契約書」と呼ばれるもので、ここで両者の経費分担などが定められ、日常の管理が行われた。

尾久客車区で暖房用機器の点検を受けるマニ34 2005。

1963.11.30　P：菅野浩和

日銀のアーカイブには、1960（昭和35）年に実施された甲種修繕（全般検査に相当）の際の、日銀と国鉄との間で交わされた文書が保存されている。

まず1960（昭和35）年11月18日に日銀の鎌田正美文書局長から「現送専用荷物車の甲種修繕実施に関する件」という文書が、国鉄の宮地健次郎工作局長、石原米彦運転局長あてに提出される。マニ34 1・2006の2輌について、客貨車検査規程に基づく甲種修繕を行いたいので申請するという内容である。

実際には両車輌が所属する品川、尾久区の検修担当者が検査の実施時期について日銀側に情報を入れたのだろうが、形式的には日銀が国鉄に要請する段取りになる。日銀ではマニ車は「車輌」という固定資産になっており、管轄は管財部門のある文書局だったので、文書局長からの申請になる。

これを受けて、11月25日付で石原運転局長から鎌田文書局長あてに、関係方面に手配したので、東京鉄道管理局長と調整して実施するよう回答文書が出る。12月1日付では宮地工作局長から国鉄の関東支社長、大船工場長あてに甲修の実施について指示があり、その内容が文書局長あてに連絡される。

これと並行して文書局長からは大船工場長あてに

3枚の改造銘板が付いたマニ30 2001。左下から昭和29年、34年、40年の改造年が読める。全て大船工場である。
1977.9.3　品川客車区　P：藤井　曄

「委託調弁申請の件」という文書が出される。「調弁」とは聞きなれない言葉だが、もともとは軍隊用語で、必要なものを求めて整えることをいう。一般にはほとんど使わないが、官庁では現在も文書にしばしば登場する。要するに工事の代行を依頼し、その費用は弁済するという趣旨である。

甲種修繕は12月20日から翌年1月10日までの工程で予定通り完了、1月12日には大船〜来宮間で試運転が行われ、走行中の動揺や連結器高さ、車軸の発熱状況などで全て異常がないことが報告されている。

同時に参考事項として、インバーターを取り付けて市販の100V電気製品の使用を可能にすること、1個しかない扇風機を3個に増設することなどを付記している。マニ車の車内電源はこの時点では他の国鉄車輌の方式である車軸発電機から得られる24Vの電源だったので、より汎用性の高い方式への切り替えを求めたものだ。こうした提案は順次実施されていく。

工事経費については、12月13日付で大船工場長から文書局長あてに見積もりが出され、人員は140人工、必要な材料費25万円を含め、全体で96万732円の支払い請求が出された。

日銀も国鉄も典型的な官僚組織であったから、文書には多数のハンコや難しい文言が並ぶ。甲修（全検）のたびにこうしたやり取りを繰り返していたわけだ。

当初の車籍編入契約では、検査修繕の費用は日銀、日常の保守費用は国鉄という大まかな分担になっていた。ところが1965（昭和40）年にマニ34に冷房関係機器が設置される。こうなると客車区での保守費用が年間約50万円増加することから、契約の見直しが行われた。新契約で経費分担にかかわる部分は次の通りである。

第4条　車輌の検査、修繕、手当その他運転上の取扱いは、すべて国鉄の車輌と同様とし、国鉄がこれを施

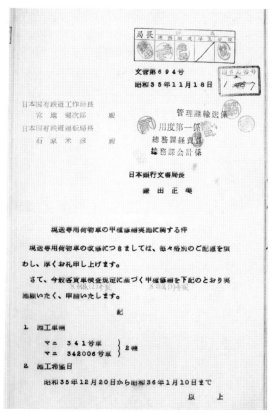

マニ34形2輌の甲種修繕を要請する日銀からの文書。
所蔵：日本銀行

全検のために工場へ回送されるマニ30 2006。側面には点検個所を記載したチョークの文字がみえる。左の車輌はマニ30 2005で、この時は2輌同時に入場したようだ。　　　　　　　　　　　　　　　　　　　　　　　　　　　　　　　1972年　大宮　P：和田　洋

行する。

第5条　日銀は、次の各号に掲げる所要費額を国鉄の指定する日及び場所に納入するものとする。
（1）国鉄の工場（国鉄以外の工場を含む。）で施行した各種の検査及び修繕。
（2）日常の検査、給油及び修繕のうち、ディーゼル機関駆動の冷暖房装置の検査及び修繕。
（3）ディーゼル機関駆動用燃料。

第6条　荷物車の改造に属する工事は、あらかじめ国鉄と日銀が協定し、その費用は日銀の負担とする。

■3回の改造は全て大船工場で

　マニ34は新製後15年の間に、3回の大きな改造を受けているが、全て大船工場（JR移管後に大船電車区と統合されて鎌倉総合車両センターとなり、後に工場部門は閉鎖）で実施されている。
　ところでマニ車6輌の全検は新製時から改造と同様に大船工場が担当してきたが、ちょうど2次車が登場した1979（昭和54）年以降、旅客車の検修を取りやめた。このため2次車は最初から大宮工場で全検を受けたようだ。関西配備のマニ30 2007は当初は高砂工場が担当した。
　鉄道友の会客車気動車研究会の機関誌『食堂車』1984（昭和59）年1月号には、大槻明義氏が1983（昭和58）年11月25日に名古屋駅でマニ30 2010（南シナ）を調査された記録が掲載されていて、それによると全検は「（昭和）57-2 大宮工」となっていた。同年6月号にもやはり大槻氏の記事があり、5月20日に宮原客車区での調査では、マニ30 2007が「（昭和）59-2 高砂工」となっていた。高砂工場は国鉄改革の中で1985（昭和60）年に廃止され、その後は鷹取工場が業務を引き継いだ。
　最後に、マニ34からマニ30を通した番号、配置の変遷を表にまとめた。

■マニ34・30形の配置推移

1次車	1949年	1959年	1965年	1969年	1970年	1979～1980年	2次車	1978～1979年	1985年前後	1987年	2003年度
マニ34 1	東シナ		2001に改番	南シナ	マニ30に形式変更	廃車	マニ30 2007	大ミハ	大ミハ	JR貨物移籍 西ウタ	廃車
マニ34 2	〃		2002に改番	〃	マニ30に形式変更	〃	マニ30 2008	南シナ	南トメ	JR貨物移籍 東タミ	〃
マニ34 3	〃		2003に改番	〃	マニ30に形式変更	〃	マニ30 2009	〃	〃	〃	〃
マニ34 4	〃		2004に改番	〃	マニ30に形式変更	〃	マニ30 2010	〃	〃	〃	〃
マニ34 5	東ヲク	2005に改番		北オク	マニ30に形式変更	〃	マニ30 2011	北オク	北スミ	JR貨物移籍 東スミ	〃
マニ34 6	〃	2006に改番		〃	マニ30に形式変更	〃	マニ30 2012	〃	〃	〃	〃

※マニ30 2007は2001年の梅田貨車区廃止に伴い西スイに所属変更

あとがき

　現金輸送車は車輌ファンの間では有名な存在だったし、品川や尾久の構内に入れば比較的簡単に目にすることができた。けれども正確な資料や運行の実態になると、部外者には手の届かない存在で、線路の上から姿を消したあとも気になる存在であった。

　この車輌を調べてみようと思い立ったきっかけは、仕事の関係でお付き合いのあった日銀OBとの雑談である。何の気なしに現金輸送の話題を持ち出すと、「マニ車ですか」と懐かしそうに思い出話を披露された。その後は、機会を見つけて色々な方に質問してみると、意外な方が現送に関与し、密度の差はあるがマニ車との接触があり、面白い体験談が集まった。

　それ以降、資料を調べて現金輸送車の実態に踏み込もうとし、国鉄やJRのOBにお話を伺った。現金輸送は今なお神経を使う業務であり、関係者のお名前の掲載を差し控えている。誌面上からお礼を申し上げたい。また鉄道友の会客車気動車研究会の会員諸氏からも、貴重な資料や画像とアドバイスをいただいた。多くの方のご支援でこの本が出来上がったことを感謝申し上げる。

　　　　　　　　　　　　和田　洋（鉄道友の会会員）

●参考文献
『日本銀行百年史』1～6（1982～86年　日本銀行）
『日本銀行職場百年』上・下（1982年　日本銀行）
『鉄道技術発達史』第4篇　1958年　日本国有鉄道）
『最近10年の国鉄車両』（1963年　日本国有鉄道）
『オハ35形の一族』上・下（2008・09年　車両史編さん会）
『国鉄線』各号（交通協力会）
『車両と電気』各号（車両電気協会）
『車両工学』各号（鉄道工学社）
『食堂車』各号（鉄道友の会客車気動車研究会）
『客車・貨車ガイドブック』星　晃・卯之木十三・森川克二
（1965年　誠文堂新光社）
「マニ30形式荷物客車のすべて」岡田誠一
（『鉄道ファン521号所収　2014年　交友社）
「客車形式図」「車両諸元表」（日本国有鉄道工作局）
「マニ30の部屋」(http://www14.plala.or.jp/mani30/)

●資料提供
鈴木靖人、中村光司、永島文良、藤井　曄、北村増紹、菅野浩和、豊永泰太郎、中村夙雄、片山康毅、江本廣一、伊藤威信、吉野　仁、藤田吾郎、関本　正

●取材協力
日本銀行金融研究所アーカイブ、電気車研究会

浜松駅を発車する東海道本線下り列車に連結されたマニ30 2001。
1973.11.6　P：片山康毅